사고력도 탄탄! 창의력도 탄탄!

수학 일등의 지름길 「기탄사고력수학」

단계별·능력별 프로그램식 학습지입니다

유아부터 초등학교 6학년까지 각 단계별로 4~6권씩 총 52권으로 구성되었으며, 처음 시작할 때 나이와 학년에 관계없이 능력별 수준에 맞추어 학습하는 프로그램식 학습지입니다.

사고력·창의력을 키워 주는 수학 학습지입니다

다양한 사고 단계를 거쳐 문제 해결력을 높여 주며, 개념과 원리를 이해하도록 하여 수학적 사고력을 키워 줍니다. 또 수학적 사고를 바탕으로 스스로 생각하고 깨닫는 창의력을 키워 줍니다.

유아 과정은 물론 초등학교 수학의 전 영역을 골고루 학습합니다

운필력, 공간 지각력, 수 개념 등 유아 과정부터 시작하여, 초등학교 과정인 수와 연산, 도형 등 수학의 전 영역을 골고루 다루어, 자녀들의 수학적 사고의 폭을 넓히는 데 큰 도움을 줍니다.

학습 지도 가이드와 다양한 학습 성취도 평가 자료를 수록했습니다

매주, 매달, 매 단계마다 학습 목표에 따른 지도 내용과 지도 요점, 완벽한 해설을 제공하여 학부모님께서 쉽게 지도하실 수 있습니다. 창의력 문제와 수학 경시 대회 예상 문제를 단계별로 수록, 수학 실력을 완성시켜 줍니다.

과학적 학습 분량으로 공부하는 습관이 몸에 배입니다

하루 10~20분 정도의 과학적 학습량으로 공부에 싫증을 느끼지 않게 하고, 학습에 자신감을 가지도록 하였습니다. 매일 일정 시간 꾸준하게 공부하도록 하면, 시키지 않아도 공부하는 습관이 몸에 배게 됩니다.

「기탄사고력수학」은 체계적이고 장기적인 프로그램으로 꾸준히 학습하면 반드시 성적으로 보답합니다

✿ 스몰 스텝(Small Step)방식으로 꾸준히 학습하면 성적이 올라갑니다

「기탄사고력수학」은 단순히 문제만 나열한 문제집이 아닙니다. 체계적이고 장기적인 학습프로그램을 통해 수학적 사고력과 창의력을 완성시켜 주는 스몰 스텝(Small Step)방식으로 꾸준히 학습하면 반드시 성적이 올라갑니다.

✿ 하루 3장, 10~20분씩 규칙적으로 학습하게 하세요

매일 일정 시간에 일정한 학습량을 꾸준히 재미있게 해야만 학습효과를 높일 수 있습니다. 주별로 분철하기 쉽게 제본되어 있으니, 교재를 구입하시면 먼저 분철하여 일주일 학습 분량만 자녀들에게 나누어 주세요. 그래야만 아이들이 학습 성취감과 자신감을 가질 수 있습니다.

✿ 자녀들의 수준에 알맞은 교재를 선택하세요

〈기탄사고력수학〉은 유아에서 초등학교 6학년까지, 나이와 학년에 관계없이 학습 난이도별로 자신의 능력에 맞는 단계를 선택하여 시작하는 능력별 교재입니다. 그러나 자녀의 수준보다 1~2단계 낮춘 교재부터 시작하면 학습에 더욱 자신감을 갖게 되어 효과적입니다.

교재 구분	교재 구성	대 상
A단계 교재	1, 2, 3, 4집	4세 ~ 5세 아동
B단계 교재	1, 2, 3, 4집	5세 ~ 6세 아동
C단계 교재	1, 2, 3, 4집	6세 ~ 7세 아동
D단계 교재	1, 2, 3, 4집	7세 ~ 초등학교 1학년
E단계 교재	1, 2, 3, 4, 5, 6집	초등학교 1학년
F단계 교재	1, 2, 3, 4, 5, 6집	초등학교 2학년
G단계 교재	1, 2, 3, 4, 5, 6집	초등학교 3학년
H단계 교재	1, 2, 3, 4, 5, 6집	초등학교 4학년
I 단계 교재	1, 2, 3, 4, 5, 6집	초등학교 5학년
J단계 교재	1, 2, 3, 4, 5, 6집	초등학교 6학년

「기탄사고력수학」으로 수학 성적 올리는 일등비법을 공개합니다

※ 문제를 먼저 풀어 주지 마세요

기탄사고력수학은 직관(전체 감지)을 논리(이론과 구체 연결)로 발전시켜 답을 구하도록 구성되었습니다. 쉽게 문제를 풀지 못하더라도 노력하는 과정에서 더 많은 것을 얻을 수 있으니, 약간의 힌트 외에는 자녀가 스스로 끝까지 문제를 풀어 나갈 수 있도록 격려해 주세요.

※ 교재는 이렇게 활용하세요

먼저 자녀들의 능력에 맞는 교재를 선택하세요. 그리고 일주일 분량씩 분철하여 매일 3장씩 풀 수 있도록 해 주세요. 한꺼번에 많은 양의 교재를 주시면 어린이가 부담을 느껴서 학습을 미루거나 포기하기 쉽습니다. 적당한 양을 매일매일 학습하도록 하여 수학 공부하는 재미를 느낄 수 있도록 해 주세요.

※ 교재 학습 과정을 꼭 지켜 주세요

한 주 학습이 끝날 때마다 창의력 문제와 경시 대회 예상 문제를 꼭 풀고 넘어가도록 해 주시고, 한 권(한 달 과정)이 끝나면 성취도 테스트와 종료 테스트를 통해 스스로 실력을 가늠해 볼 수 있도록 도와 주세요. 문제를 다 풀면 반드시 해답지를 이용하여 정확하게 채점해 주시고, 틀린 문제를 체크해 놓았다가 다음에는 확실히 풀 수 있도록 지도해 주세요.

※ 자녀의 학습 관리를 게을리 하지 마세요

수학적 사고는 하루 아침에 생겨나는 것이 아닙니다. 날마다 꾸준히 규칙적으로 학습해 나갈 때에만 비로소 수학적 사고의 기틀이 마련되는 것입니다. 교육은 사랑입니다. 자녀가 학습한 부분을 어머니께서 꼭 확인하시면서 사랑으로 돌봐 주세요. 부모님의 관심 속에서 자란 아이들만이 성적 향상은 물론 이 사회에서 꼭 필요한 인격체로 성장해 나갈 수 있다는 것도 잊지 마세요.

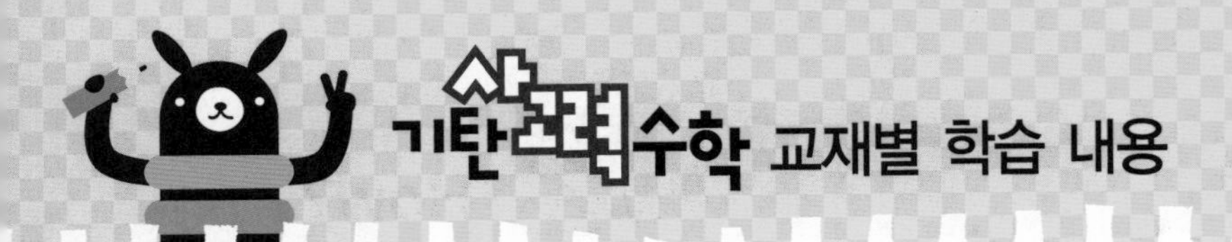

기탄 사고력 수학 교재별 학습 내용

A 단계 교재

A - ❶ 교재	A - ❷ 교재
나와 가족에 대하여 알기 바른 행동 알기 다양한 선 그리기 다양한 사물 색칠하기 ○△□ 알기 똑같은 것 찾기 빠진 것 찾기 종류가 같은 것과 다른 것 찾기 관찰력, 논리력, 사고력 키우기	필요한 물건 찾기 관계 있는 것 찾기 다양한 기준에 따라 분류하기 (종류, 용도, 모양, 색깔, 재질, 계절, 성질 등) 두 가지 기준에 따라 분류하기 다섯까지 세기 변별력 키우기 미로 통과하기

A - ❸ 교재	A - ❹ 교재
다양한 기준으로 비교하기 (길이, 높이, 양, 무게, 크기, 두께, 넓이, 속도, 깊이 등) 시간의 순서 비교하기 반대 개념 알기 3까지의 숫자 배우기 그림 퍼즐 맞추기 미로 통과하기	최상급 개념 알기 다양한 기준으로 순서 짓기 (크기, 시간, 길이, 두께 등) 네 가지 이상 비교하기 이중 서열 알기 ABAB, ABCABC의 규칙성 알기 다양한 규칙 이해하기 부분과 전체 알기 5까지의 숫자 배우기 일대일 대응, 일대다 대응 알기 미로 통과하기

B 단계 교재

B - ❶ 교재	B - ❷ 교재
열까지 세기 9까지의 숫자 배우기 사물의 기본 모양 알기 모양 구성하기 모양 나누기와 합치기 같은 모양, 짝이 되는 모양 찾기 위치 개념 알기 (위, 아래, 앞, 뒤) 위치 파악하기	9까지의 수량, 수 단어, 숫자 연결하기 구체물을 이용한 수 익히기 반구체물을 이용한 수 익히기 위치 개념 알기 (안, 밖, 왼쪽, 가운데, 오른쪽) 다양한 위치 개념 알기 시간 개념 알기 (낮, 밤) 구체물을 이용한 수와 양의 개념 알기 (같다, 많다, 적다)

B - ❸ 교재	B - ❹ 교재
순서대로 숫자 쓰기 거꾸로 숫자 쓰기 1 큰 수와 2 큰 수 알기 1 작은 수와 2 작은 수 알기 반구체물을 이용한 수와 양의 개념 알기 보존 개념 익히기 여러 가지 단위 배우기	순서수 알기 사물의 입체 모양 알기 입체 모양 나누기 두 수의 크기 비교하기 여러 수의 크기 비교하기 0의 개념 알기 0부터 9까지의 수 익히기

C 단계 교재

C – ❶ 교재	C – ❷ 교재
구체물을 통한 수 가르기 반구체물을 통한 수 가르기 숫자를 도입한 수 가르기 구체물을 통한 수 모으기 반구체물을 통한 수 모으기 숫자를 도입한 수 모으기	수 가르기와 모으기 여러 가지 방법으로 수 가르기 수 모으고 다시 수 가르기 수 가르고 다시 수 모으기 더해 보기 세로로 더해 보기 빼 보기 세로로 빼 보기 더해 보기와 빼 보기 바꾸어서 셈하기
C – ❸ 교재	**C – ❹ 교재**
길이 측정하기 넓이 측정하기 둘레 측정하기 부피 측정하기 활동 시간 알아보기 여러 가지 측정하기 높이 측정하기 크기 측정하기 무게 측정하기 들이 측정하기 시간의 순서 알아보기	열 개 열 개 만들어 보기 열 개 묶어 보기 자리 알아보기 수 '10' 알아보기 10의 크기 알아보기 더하여 10이 되는 수 알아보기 열다섯까지 세어 보기 스물까지 세어 보기

D 단계 교재

D – ❶ 교재	D – ❷ 교재
수 11~20 알기 11~20까지의 수 알기 30까지의 수 알아보기 자릿값을 이용하여 30까지의 수 나타내기 40까지의 수 알아보기 자릿값을 이용하여 40까지의 수 나타내기 자릿값을 이용하여 50까지의 수 나타내기 50까지의 수 알아보기	상자 모양, 공 모양, 둥근기둥 모양 알아보기 공간 위치 알아보기 입체도형으로 모양 만들기 여러 방향에서 본 모습 관찰하기 평면도형 알아보기 선대칭 모양 알아보기 모양 만들기와 탱그램
D – ❸ 교재	**D – ❹ 교재**
덧셈 이해하기 10이 되는 더하기 여러 가지로 더해 보기 덧셈 익히기 뺄셈 이해하기 10에서 빼기 여러 가지로 빼 보기 뺄셈 익히기	조사하여 기록하기 그래프의 이해 그래프의 활용 분수의 이해 시간 느끼기 사건의 순서 알기 소요 시간 알아보기 달력 보기 시계 보기 활동한 시간 알기

E
단계 교재

E - ❶ 교재	E - ❷ 교재	E - ❸ 교재
사물의 개수를 세어 보고 1, 2, 3, 4, 5 알아보기	두 수로 가르기	수 10(십) 알아보기
0의 개념과 0~5까지의 수의 순서 알기	두 수를 모으기	19까지의 수 알아보기
하나 더 많다, 적다의 개념 알기	가르기와 모으기	몇십과 몇십 몇 알아보기
두 수의 크기 비교하기	덧셈식 알아보기	물건의 수 세기
사물의 개수를 세어 보고 6, 7, 8, 9 알아보기	뺄셈식 알아보기	50까지 수의 순서 알아보기
0~9까지의 수의 순서 알기	길이 비교해 보기	두 수의 크기 비교하기
하나 더 많다, 적다의 개념 알기	높이 비교해 보기	분류하기
두 수의 크기 비교하기	들이 비교해 보기	분류하여 세어 보기
여러 가지 모양 알아보기, 찾아보기, 만들어 보기	무게 비교해 보기	
규칙 찾기	넓이 비교해 보기	
E - ❹ 교재	**E - ❺ 교재**	**E - ❻ 교재**
수 60, 70, 80, 90	10이 되는 더하기	세 수의 덧셈
99까지의 수	10에서 빼기	받아올림이 있는 (몇)+(몇)
수의 순서	세 수의 덧셈과 뺄셈	받아내림이 있는 (십 몇)-(몇)
두 수의 크기 비교	(몇십)+(몇), (몇십 몇)+(몇),	세 수의 계산
여러 가지 모양 알아보기, 찾아보기	(몇십 몇)+(몇십 몇)	덧셈식, 뺄셈식 만들기
여러 가지 모양 만들기, 그리기	(몇십 몇)-(몇), (몇십 몇)-(몇십 몇)	□가 있는 덧셈식, 뺄셈식 만들기
규칙 찾기	긴바늘, 짧은바늘 알아보기	여러 가지 방법으로 해결하기
10을 두 수로 가르기	몇 시 알아보기	
10이 되도록 두 수를 모으기	몇 시 30분 알아보기	

단계 교재

F - ❶ 교재	F - ❷ 교재	F - ❸ 교재
백(100)과 몇백(200, 300, ……)의 개념 이해	받아올림이 있는 (두 자리 수)+(두 자리 수)의 계산	시각 읽기
세 자리 수와 뛰어 세기의 이해	받아내림이 있는 (두 자리 수)-(두 자리 수)의 계산	시각과 시간의 차이 알기
세 자리 수의 크기 비교	여러 가지 방법으로 계산하고 세 수의 혼합 계산	하루의 시간 알기
받아올림이 있는 (두 자리 수)+(한 자리 수)의 계산	길이 비교와 단위길이의 비교	달력을 보며 1년 알기
받아내림이 있는 (두 자리 수)-(한 자리 수)의 계산	길이의 단위(cm) 알기	몇 시 몇 분 전 알기
세 수의 덧셈과 뺄셈	길이 재기와 길이 어림하기	반 시간 알기
선분과 직선의 차이 이해	어떤 수를 □로 나타내기	묶어 세기
사각형, 삼각형, 원 등의 여러 가지 모양	덧셈식·뺄셈식에서 □의 값 구하기	몇 배 알아보기
쌓기나무로 똑같이 쌓아 보고 여러 가지 모양 만들기	어떤 수를 구하는 식 만들기	더하기를 곱하기로 나타내기
배열 순서에 따라 규칙 찾아내기	식에 알맞은 문제 만들기	덧셈식과 곱셈식으로 나타내기
F - ❹ 교재	**F - ❺ 교재**	**F - ❻ 교재**
2~9의 단 곱셈구구 익히기	받아올림이 있는 세 자리 수의 덧셈	□가 있는 곱셈식을 만들어 문제 해결하기
1의 단 곱셈구구와 0의 곱	받아내림이 있는 세 자리 수의 뺄셈	규칙을 찾아 문제 해결하기
곱셈표에서 규칙 찾기	여러 가지 방법으로 덧셈·뺄셈하기	거꾸로 생각하여 문제 해결하기
받아올림이 없는 세 자리 수의 덧셈	세 수의 혼합 계산	
받아내림이 없는 세 자리 수의 뺄셈	똑같이 나누기	
여러 가지 방법으로 계산하기	전체와 부분의 크기	
미터(m)와 센티미터(cm)	분수의 쓰기와 읽기	
길이 재기	분수만큼 색칠하고 분수로 나타내기	
길이 어림하기	표와 그래프로 나타내기	
길이의 합과 차	조사하여 표와 그래프로 나타내기	

단계 교재

G - ❶ 교재	G - ❷ 교재	G - ❸ 교재
1000의 개념 알기 몇천, 네 자리 수 알기 수의 자릿값 알기 뛰어 세기, 두 수의 크기 비교 세 자리 수의 덧셈 덧셈의 여러 가지 방법 세 자리 수의 뺄셈 뺄셈의 여러 가지 방법 각과 직각의 이해 직각삼각형, 직사각형, 정사각형의 이해	똑같이 묶어 덜어 내기와 똑같게 나누기 나눗셈의 몫 곱셈과 나눗셈의 관계 나눗셈의 몫을 구하는 방법 나눗셈의 세로 형식 곱셈을 활용하여 나눗셈의 몫 구하기 평면도형 밀기, 뒤집기, 돌리기 평면도형 뒤집고 돌리기 (몇십)×(몇)의 계산 (두 자리 수)×(한 자리 수)의 계산	분수만큼 알기와 분수로 나타내기 몇 개인지 알기 분수의 크기 비교 mm 단위를 알기와 mm 단위까지 길이 재기 km 단위를 알기 km, m, cm, mm의 단위가 있는 길이의 합과 차 구하기 시각과 시간의 개념 알기 1초의 개념 알기 시간의 합과 차 구하기
G - ❹ 교재	**G - ❺ 교재**	**G - ❻ 교재**
(네 자리 수)+(세 자리 수) (네 자리 수)+(네 자리 수) (네 자리 수)-(세 자리 수) (네 자리 수)-(네 자리 수) 세 수의 덧셈과 뺄셈 (세 자리 수)×(한 자리 수) (몇십)×(몇십) / (두 자리 수)×(몇십) (두 자리 수)×(두 자리 수) 원의 중심과 반지름 / 그리기 / 지름 / 성질	(몇십)÷(몇) 내림이 없는 (몇십 몇)÷(몇) 나눗셈의 몫과 나머지 나눗셈식의 검산 / (몇십 몇)÷(몇) 들이 / 들이의 단위 들이의 어림하기와 합과 차 무게 / 무게의 단위 무게의 어림하기와 합과 차 0.1 / 소수 알아보기 소수의 크기 비교하기	막대그래프 막대그래프 그리기 그림그래프 그림그래프 그리기 알맞은 그래프로 나타내기 규칙을 정해 무늬 꾸미기 규칙을 찾아 문제 해결 표를 만들어서 문제 해결 예상과 확인으로 문제 해결

단계 교재

H - ❶ 교재	H - ❷ 교재	H - ❸ 교재
만 / 다섯 자리 수 / 십만, 백만, 천만 억 / 조 / 큰 수 뛰어서 세기 두 수의 크기 비교 100, 1000, 10000, 몇백, 몇천의 곱 (세,네 자리 수)×(두 자리 수) 세 수의 곱셈 / 몇십으로 나누기 (두,세 자리 수)÷(두 자리 수) 각의 크기 / 각 그리기 / 각도의 합과 차 삼각형의 세 각의 크기의 합 사각형의 네 각의 크기의 합	이등변삼각형 / 이등변삼각형의 성질 정삼각형 / 예각과 둔각 예각삼각형 / 둔각삼각형 덧셈, 뺄셈 또는 곱셈, 나눗셈이 섞여 있는 혼합 계산 덧셈, 뺄셈, 곱셈, 나눗셈이 섞여 있는 혼합 계산 ( ), { }가 있는 혼합 계산 분수와 진분수 / 가분수와 대분수 대분수를 가분수로, 가분수를 대분수로 나타내기 분모가 같은 분수의 크기 비교	소수 소수 두 자리 수 소수 세 자리 수 소수 사이의 관계 소수의 크기 비교 규칙을 찾아 수로 나타내기 규칙을 찾아 글로 나타내기 새로운 무늬 만들기
H - ❹ 교재	**H - ❺ 교재**	**H - ❻ 교재**
분모가 같은 진분수의 덧셈 분모가 같은 대분수의 덧셈 분모가 같은 진분수의 뺄셈 분모가 같은 대분수의 뺄셈 분모가 같은 대분수와 진분수의 덧셈과 뺄셈 소수의 덧셈 / 소수의 뺄셈 수직과 수선 / 수선 긋기 평행선 / 평행선 긋기 평행선 사이의 거리	사다리꼴 / 평행사변형 / 마름모 직사각형과 정사각형의 성질 다각형과 정다각형 / 대각선 여러 가지 모양 만들기 여러 가지 모양으로 덮기 직사각형과 정사각형의 둘레 $1cm^2$ / 직사각형과 정사각형의 넓이 여러 가지 도형의 넓이 이상과 이하 / 초과와 미만 / 수의 범위 올림과 버림 / 반올림 / 어림의 활용	꺾은선그래프 꺾은선그래프 그리기 물결선을 사용한 꺾은선그래프 물결선을 사용한 꺾은선그래프 그리기 알맞은 그래프로 나타내기 꺾은선그래프의 활용 두 수 사이의 관계 두 수 사이의 관계를 식으로 나타내기 문제를 해결하고 풀이 과정을 설명하기

단계 교재

I – ❶ 교재	I – ❷ 교재	I – ❸ 교재
약수 / 배수 / 배수와 약수의 관계 공약수와 최대공약수 공배수와 최소공배수 크기가 같은 분수 알기 크기가 같은 분수 만들기 분수의 약분 / 분수의 통분 분수의 크기 비교 / 진분수의 덧셈 대분수의 덧셈 / 진분수의 뺄셈 대분수의 뺄셈 / 세 분수의 덧셈과 뺄셈	세 분수의 덧셈과 뺄셈 (진분수)×(자연수) / (대분수)×(자연수) (자연수)×(진분수) / (자연수)×(대분수) (단위분수)×(단위분수) (진분수)×(진분수) / (대분수)×(대분수) 세 분수의 곱셈 / 합동인 도형의 성질 합동인 삼각형 그리기 면, 모서리, 꼭짓점 직육면체와 정육면체 직육면체의 성질 / 겨냥도 / 전개도	평행사변형의 넓이 삼각형의 넓이 사다리꼴의 넓이 마름모의 넓이 넓이의 단위 m^2, a 넓이의 단위 ha, km^2 넓이의 단위 관계 무게의 단위
I – ❹ 교재	**I – ❺ 교재**	**I – ❻ 교재**
분수와 소수의 관계 분수를 소수로, 소수를 분수로 나타내기 분수와 소수의 크기 비교 1÷(자연수)를 곱셈으로 나타내기 (자연수)÷(자연수)를 곱셈으로 나타내기 (진분수)÷(자연수) / (가분수)÷(자연수) (대분수)÷(자연수) 분수와 자연수의 혼합 계산 선대칭도형/선대칭의 위치에 있는 도형 점대칭도형/점대칭의 위치에 있는 도형	(소수)×(자연수) / (자연수)×(소수) 곱의 소수점의 위치 (소수)×(소수) 소수의 곱셈 (소수)÷(자연수) (자연수)÷(자연수) 줄기와 잎 그림 그림그래프 평균 자료를 그래프로 나타내고 설명하기	두 수의 크기 비교 비율 백분율 할푼리 실제로 해 보기와 표 만들기 그림 그리기와 식 만들기 예상하고 확인하기와 표 만들기 실제로 해 보기와 규칙 찾기

단계 교재

J – ❶ 교재	J – ❷ 교재	J – ❸ 교재
(자연수)÷(단위분수) 분모가 같은 진분수끼리의 나눗셈 분모가 다른 진분수끼리의 나눗셈 (자연수)÷(진분수) / 대분수의 나눗셈 분수의 나눗셈 활용하기 소수의 나눗셈 / (자연수)÷(소수) 소수의 나눗셈에서 나머지 반올림한 몫 입체도형과 각기둥 / 각뿔 각기둥의 전개도 / 각뿔의 전개도	쌓기나무의 개수 쌓기나무의 각 자리, 각 층별로 나누어 개수 구하기 규칙 찾기 쌓기나무로 만든 것, 여러 가지 입체도형, 여러 가지 생활 속 건축물의 위, 앞, 옆 에서 본 모양 원주와 원주율 / 원의 넓이 띠그래프 알기 / 띠그래프 그리기 원그래프 알기 / 원그래프 그리기	비례식 비의 성질 가장 작은 자연수의 비로 나타내기 비례식의 성질 비례식의 활용 연비 두 비의 관계를 연비로 나타내기 연비의 성질 비례배분 연비로 비례배분
J – ❹ 교재	**J – ❺ 교재**	**J – ❻ 교재**
(소수)÷(분수) / (분수)÷(소수) 분수와 소수의 혼합 계산 원기둥 / 원기둥의 전개도 원뿔 회전체 / 회전체의 단면 직육면체와 정육면체의 겉넓이 부피의 비교 / 부피의 단위 직육면체와 정육면체의 부피 부피의 큰 단위 부피와 들이 사이의 관계	원기둥의 겉넓이 원기둥의 부피 경우의 수 순서가 있는 경우의 수 여러 가지 경우의 수 확률 미지수를 x로 나타내기 등식 알기 / 방정식 알기 등식의 성질을 이용하여 방정식 풀기 방정식의 활용	두 수 사이의 대응 관계 / 정비례 정비례를 활용하여 생활 문제 해결하기 반비례 반비례를 활용하여 생활 문제 해결하기 그림을 그리거나 식을 세워 문제 해결하기 거꾸로 생각하거나 식을 세워 문제 해결하기 표를 작성하거나 예상과 확인을 통하여 문제 해결하기 여러 가지 방법으로 문제 해결하기 새로운 문제를 만들어 풀어 보기

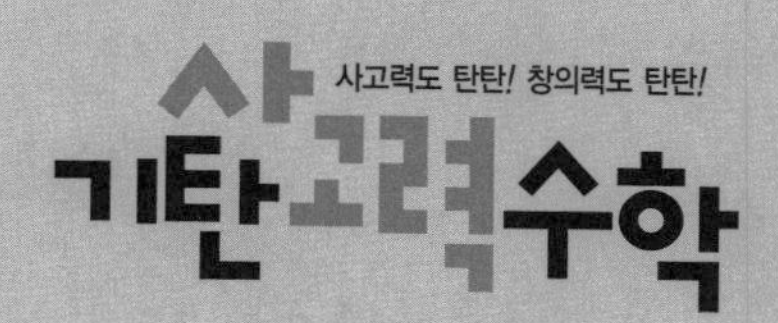

C2

C61a ~ C75b

학습 내용

여러 가지 수 가르기와 수 모으기	• 수 가르기와 수 모으기 • 여러 가지 방법으로 수 가르기 • 수 모아 보고 다시 수 가르기 • 수 가르고 다시 수 모으기

이번 주는?

• 학습 방법 : ① 매일매일 ② 가끔 ③ 한꺼번에 하였습니다.
• 학습 태도 : ① 스스로 잘 ② 시켜서 억지로 하였습니다.
• 학습 흥미 : ① 재미있게 ② 싫증 내며 하였습니다.
• 교재 내용 : ① 적합하다고 ② 어렵다고 ③ 쉽다고 하였습니다.

지도 교사가 부모님께

부모님이 지도 교사께

평가 Ⓐ 아주 잘함 Ⓑ 잘함 Ⓒ 보통 Ⓓ 부족함

원(교) 반 이름 전화

기초부터 탄탄하게
기탄교육

이렇게 도와주세요!

여러 가지 수 가르기와 수 모으기

수 가르기와 수 모으기는 더해 보기와 빼 보기 활동을 위한 하나의 접근 방법입니다. 가르기와 모으기 활동을 통해서 자연스럽게 더하기, 빼기 개념을 이해하고 나아가 더하기, 빼기 학습으로 진행하는 단계입니다.
이러한 수 가르기와 수 모으기는 생활 속에서도 많이 경험할 수 있는 것으로 활동의 이해를 높이기 위해서는 어린이들이 조작 가능한 구체물을 이용하는 것이 좋습니다.
집에 있는 장난감이나 바둑돌, 성냥개비 등을 사용하여 어린이가 직접 구체물 조작을 통해서 가르기와 모으기 활동을 해 보도록 하는 것이야말로 좋은 학습 활동이 될 것입니다.

지도 내용

- 두 수의 집합을 헤아려 보고 모두 얼마인지 알게 합니다.
- 수를 둘로 나누어 보고 나누어진 수가 얼마인지 알게 합니다.

지도 요점

- 활동의 방법보다는 가르기와 모으기의 의미를 이해하게 하는 것이 더 중요합니다.
- 구체물 조작을 통하여 어린이가 직접 가르기와 모으기 활동을 경험해 보도록 합니다.

이름 :

날짜 :

확인

[수 가르기와 수 모으기]

그림을 보고 다음 물음에 답하세요.

생쥐가 치즈 2개를 가져갔다면 남아 있는 치즈는 몇 개입니까?

□ 개

접시 위에 치즈가 1개 남았다면 생쥐가 가져간 치즈는 몇 개입니까?

□ 개

그림을 보고 다음 물음에 답하세요.

울타리 밖으로 양 1마리가 나갔다면 울타리 안에 남아 있는 양은 몇 마리입니까?

☐ 마리

울타리 안에 양이 2마리 남았다면 울타리 밖으로 나간 양은 몇 마리입니까?

☐ 마리

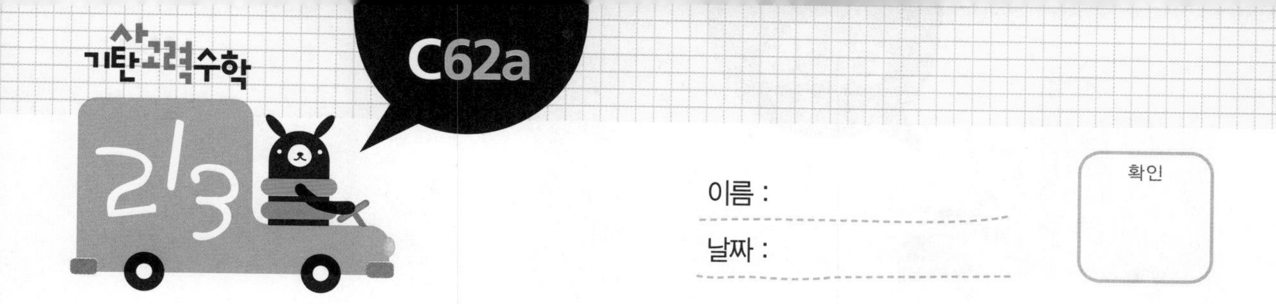

이름 :

날짜 :

확인

그림을 보고 다음 물음에 답하세요.

지붕 위에서 박 1개를 땄다면 지붕에 남아 있는 박은 몇 개입니까?

□ 개

지붕에 박이 3개 남았다면 딴 박은 몇 개입니까?

□ 개

그림을 보고 다음 물음에 답하세요.

나비 6마리가 날아갔다면 꽃밭에 남아 있는 나비는 몇 마리입니까?

☐ 마리

꽃밭에 나비가 4마리 남았다면 날아간 나비는 몇 마리입니까?

☐ 마리

이름 :

날짜 :

확인

그림을 보고 다음 물음에 답하세요.

기차놀이를 하는 어린이는 몇 명입니까?

☐ 명

그네를 타는 어린이는 몇 명입니까?

☐ 명

어린이는 모두 몇 명입니까?

☐ 명

그림을 보고 다음 물음에 답하세요.

봉에 들어간 고리는 몇 개입니까? □개

봉에 들어가지 못한 고리는 몇 개입니까? □개

던진 고리는 모두 몇 개입니까? □개

이름 :

날짜 :

확인

그림을 보고 다음 물음에 답하세요.

나뭇가지에 앉아 있는 참새는 몇 마리입니까? ☐ 마리

날아오는 참새는 몇 마리입니까? ☐ 마리

참새는 모두 몇 마리입니까? ☐ 마리

그림을 보고 다음 물음에 답하세요.

 과자는 몇 개입니까? □ 개

 과자는 몇 개입니까? □ 개

과자는 모두 몇 개입니까? □ 개

이름 :

날짜 :

확인

다음 보기 처럼 전체 그림을 선을 그어 두 묶음으로 나누어 보고, 몇 개씩 나누었는지 양쪽 ◯ 안에 각각 알맞은 수를 써 보세요.

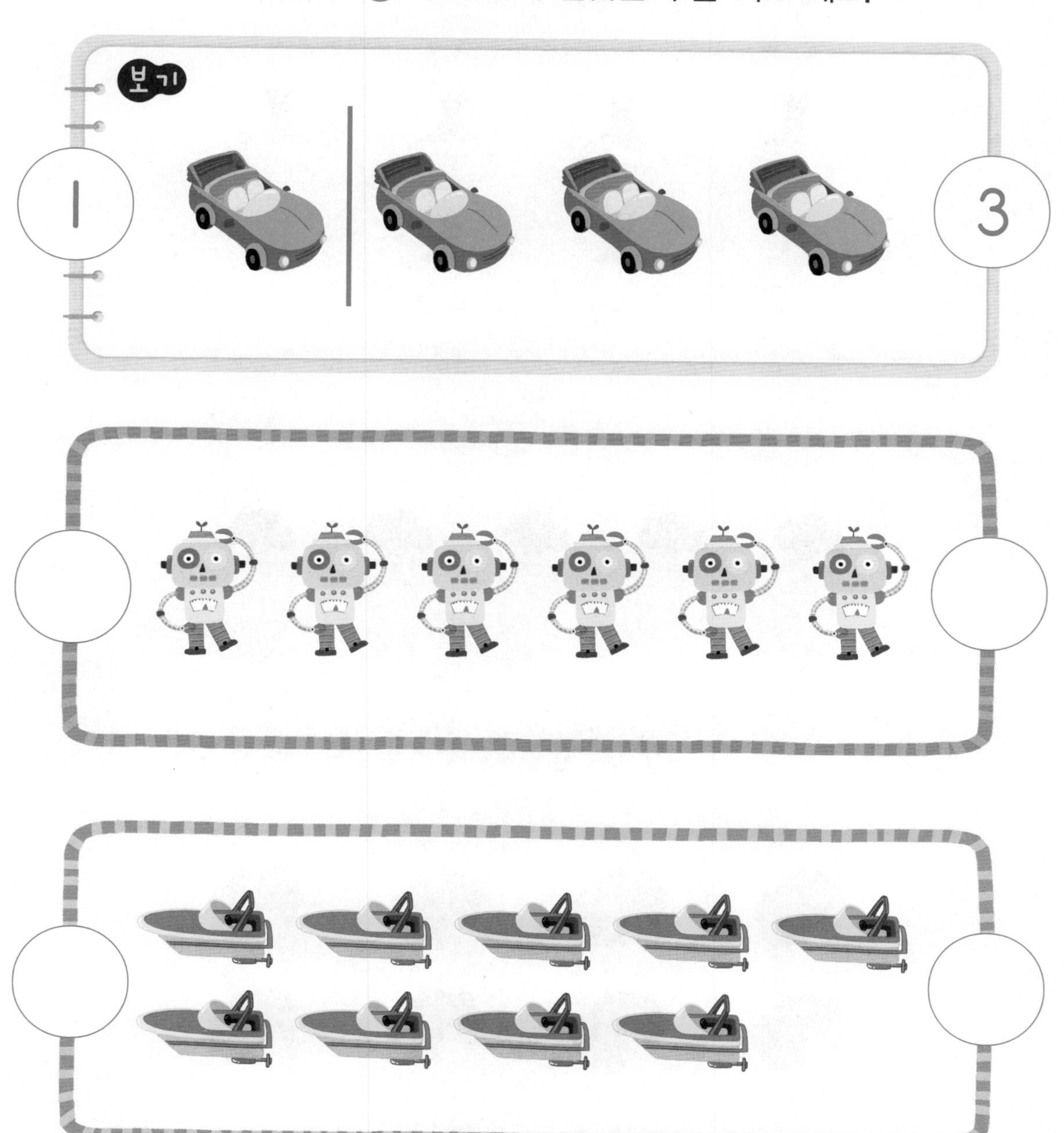

다음 그림을 선을 그어 두 묶음으로 나누어 보고, 몇 개씩 나누었는지 양쪽 ◯ 안에 각각 알맞은 수를 써 보세요.

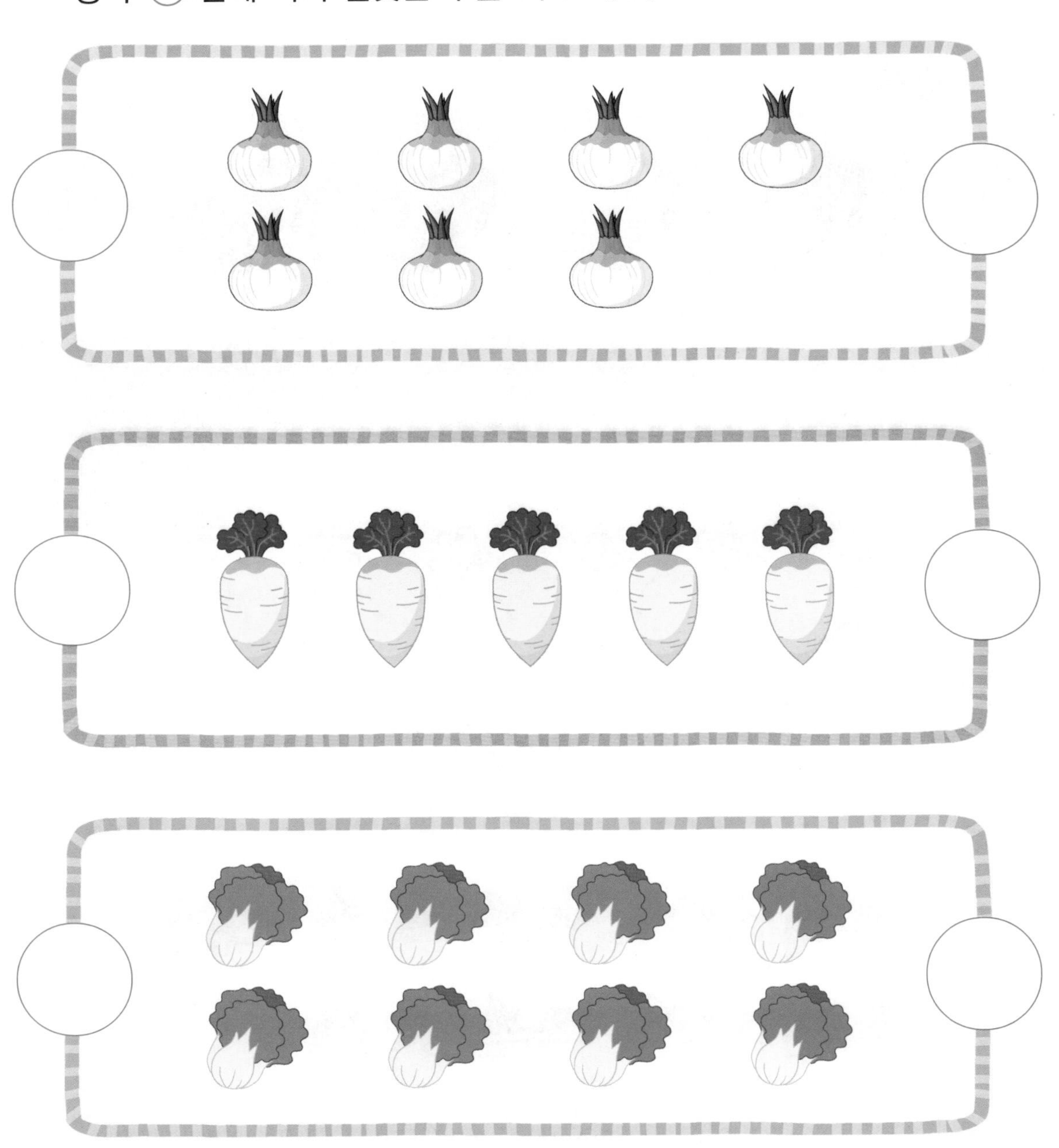

이름 :

날짜 :

확인

다음 보기처럼 빈칸에 알맞은 수를 써 보세요.

보기

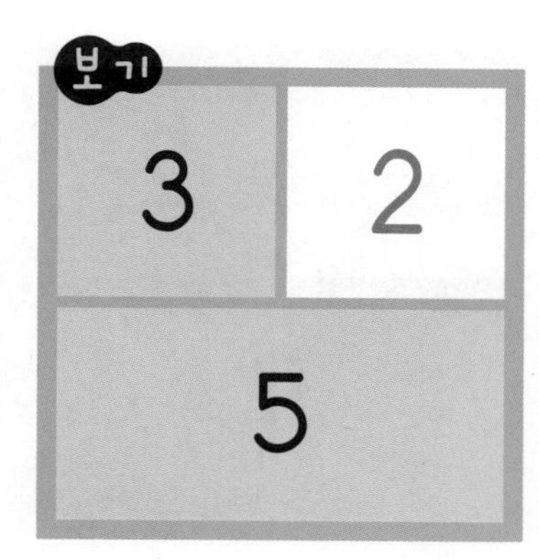

6	
8	

1	
2	

2	
3	

1	
9	

4	
5	

3	
6	

6	
7	

2	
4	

빈칸에 알맞은 수를 써 보세요.

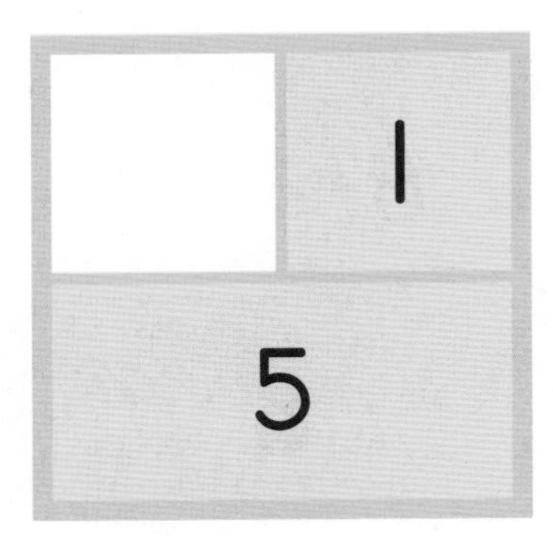

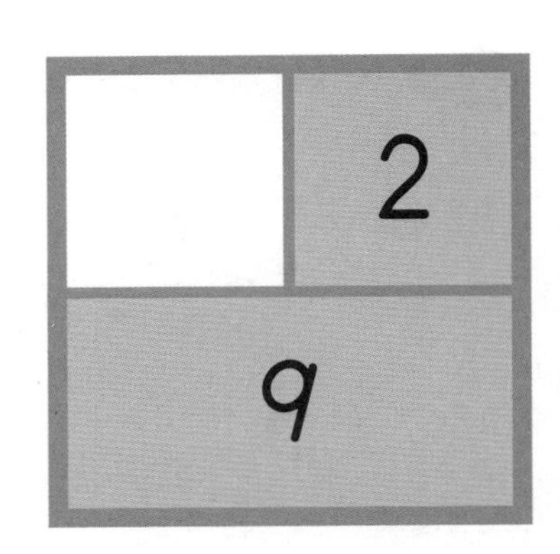

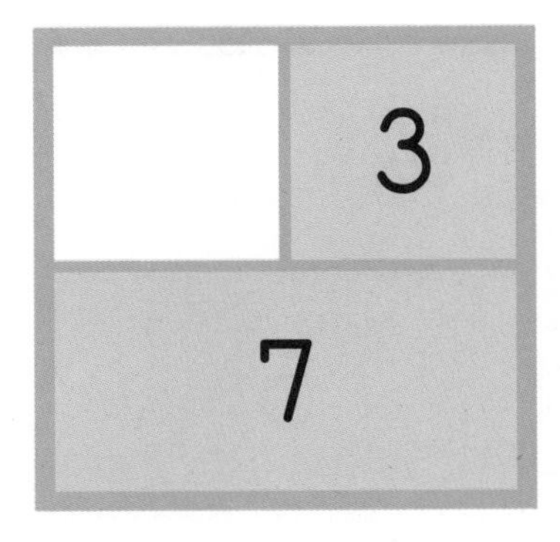

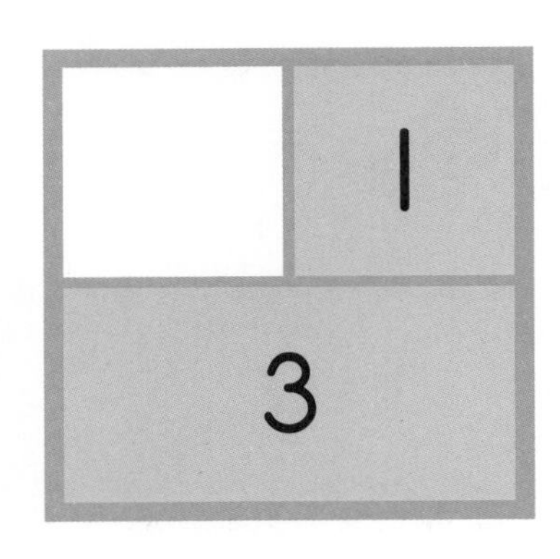

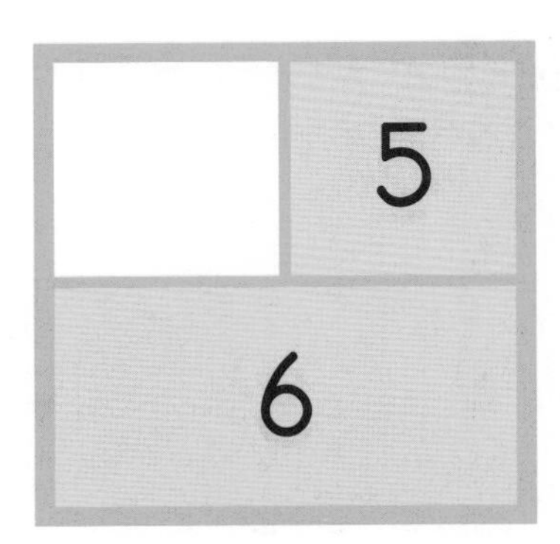

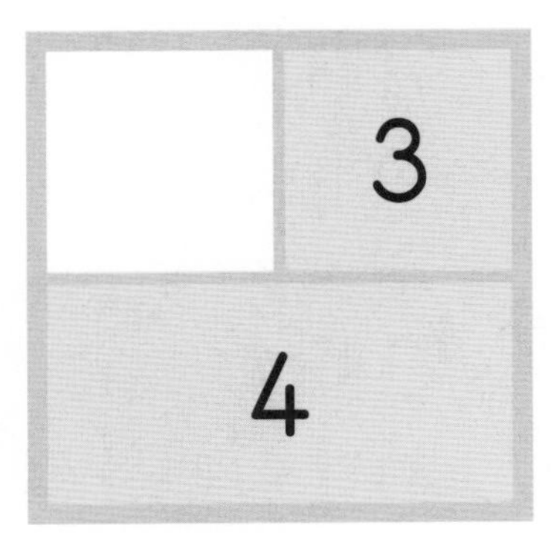

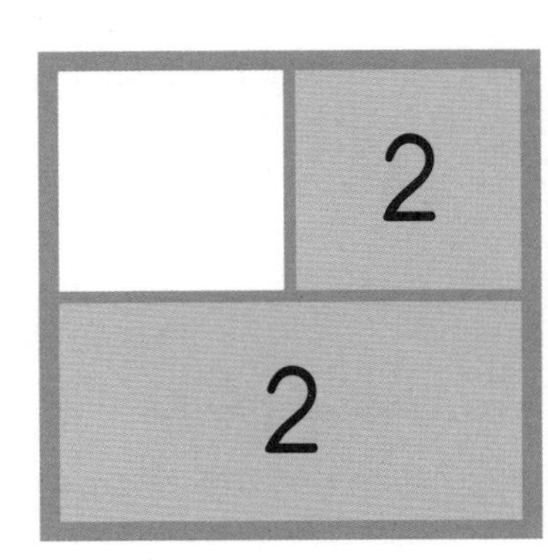

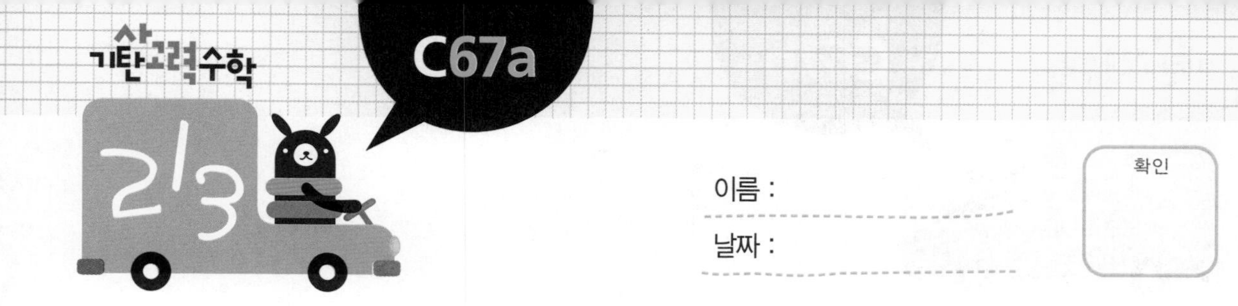

[여러 가지 방법으로 수 가르기]

다음 보기 처럼 빈칸에 알맞은 수를 써 보세요.

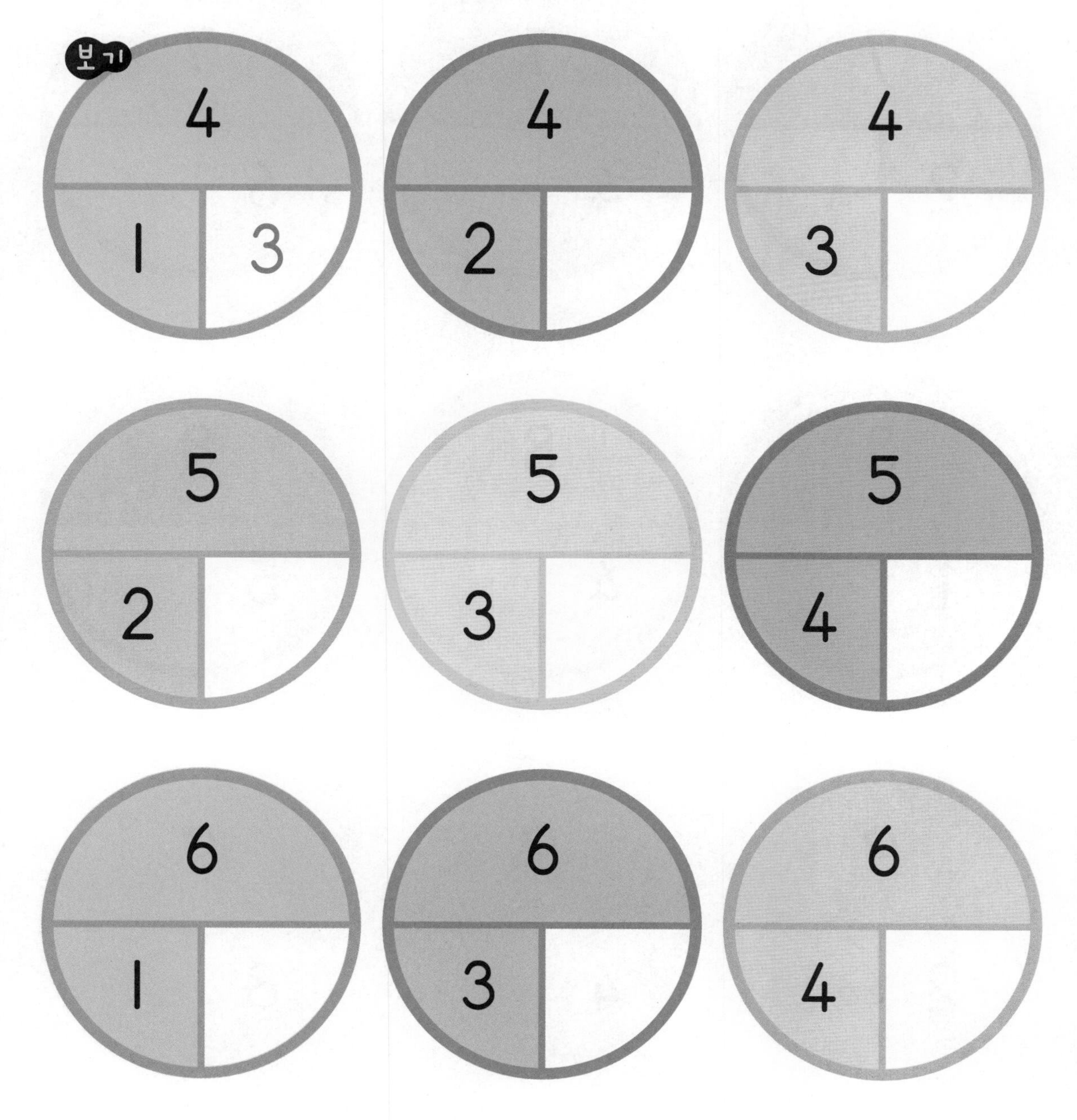

빈칸에 알맞은 수를 써 보세요.

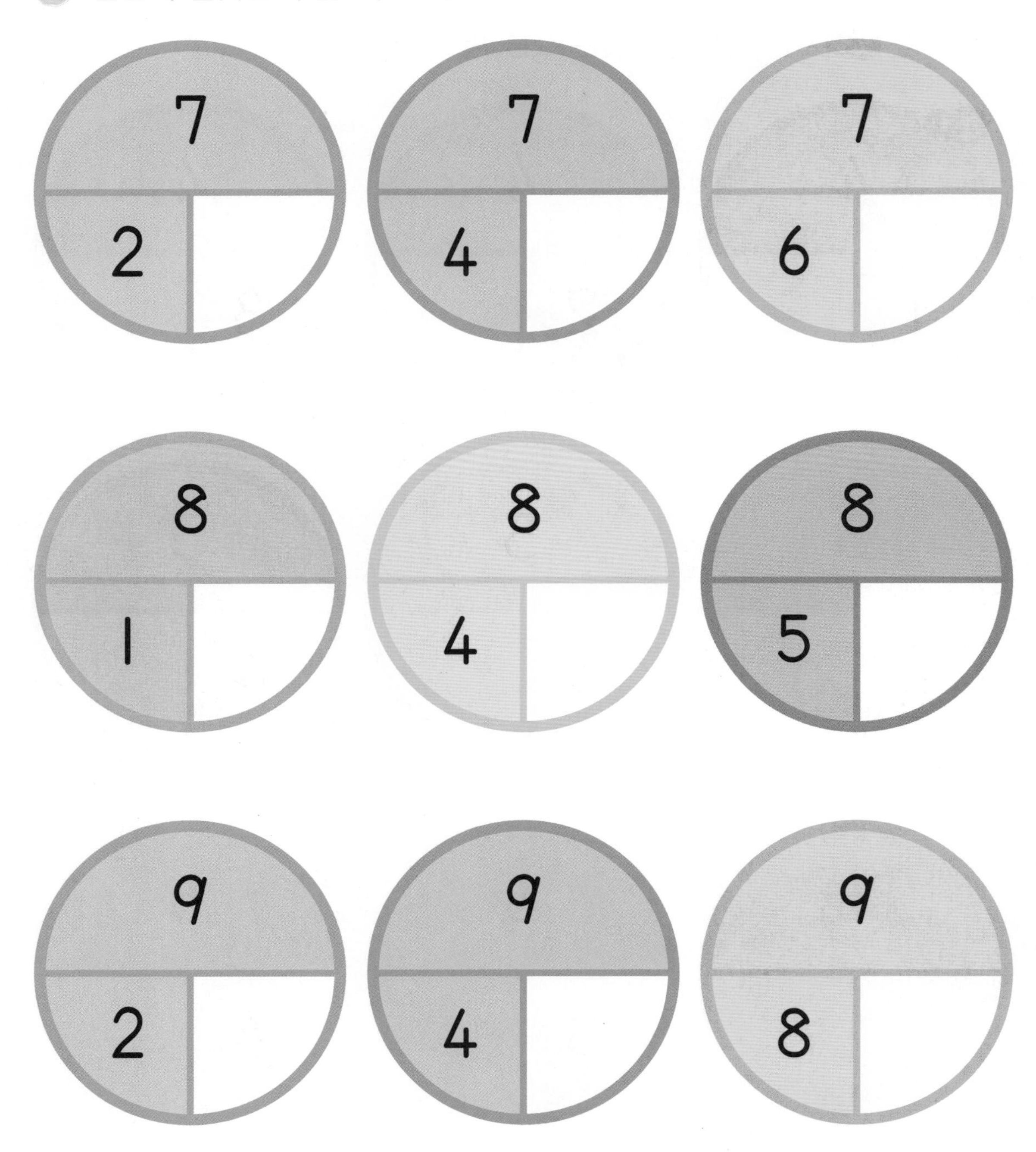

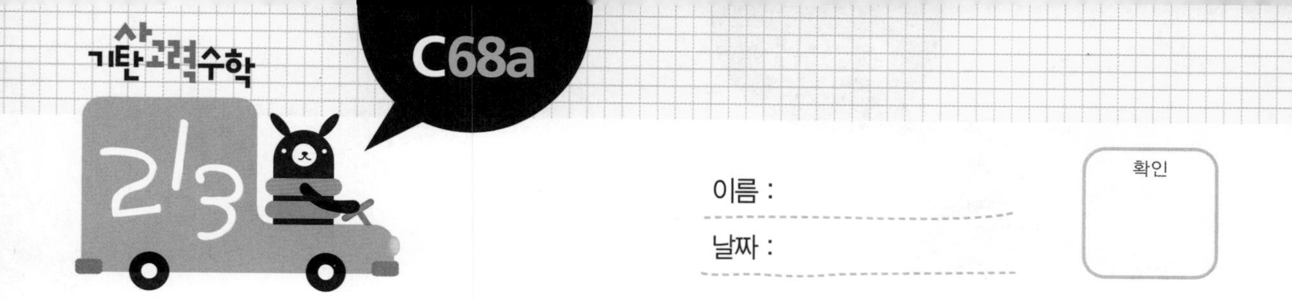

이름 :

날짜 :

확인

주어진 수를 여러 가지 방법으로 둘로 나누어 빈칸에 써 보세요.

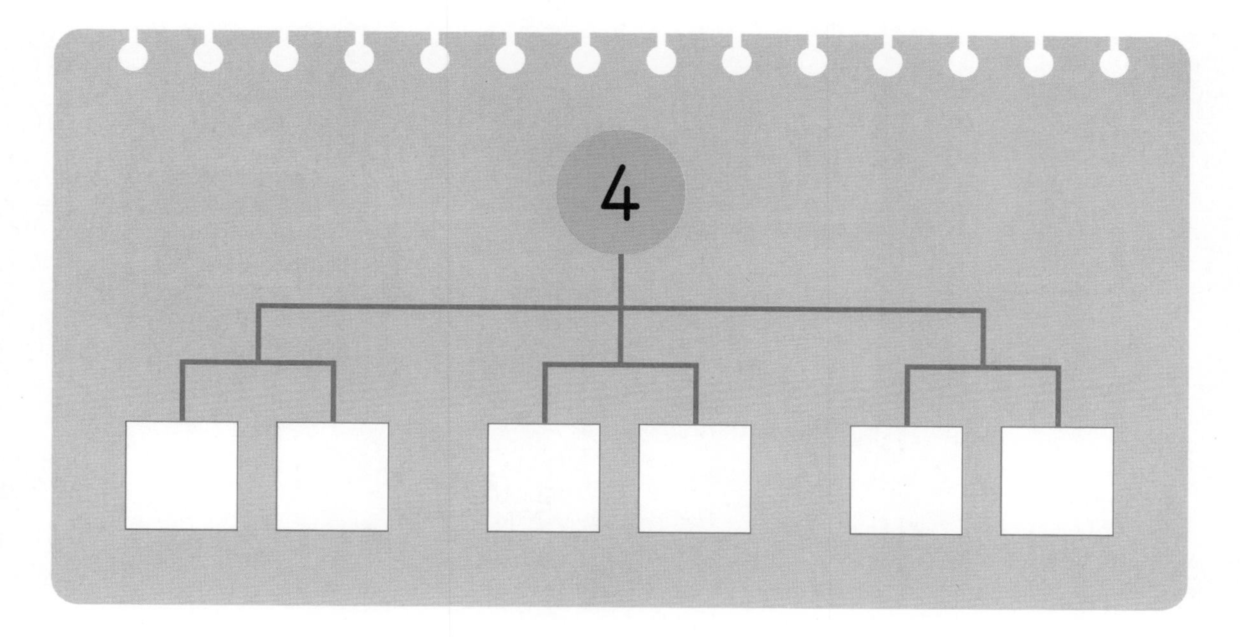

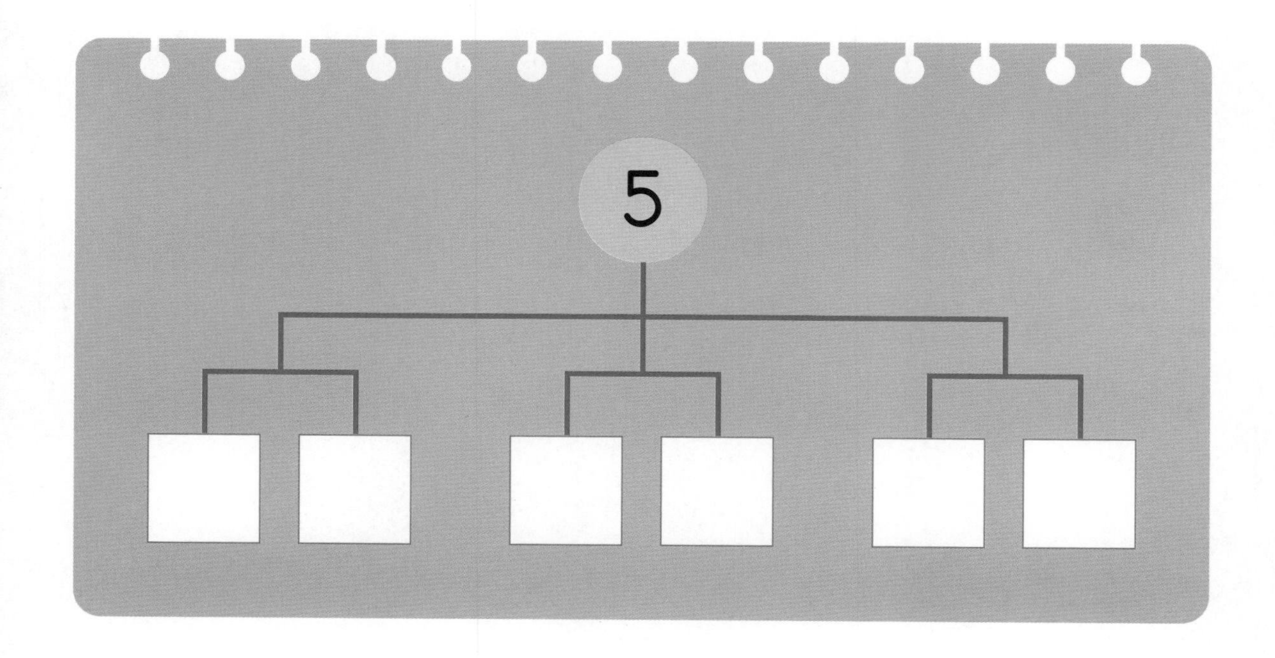

주어진 수를 여러 가지 방법으로 둘로 나누어 빈칸에 써 보세요.

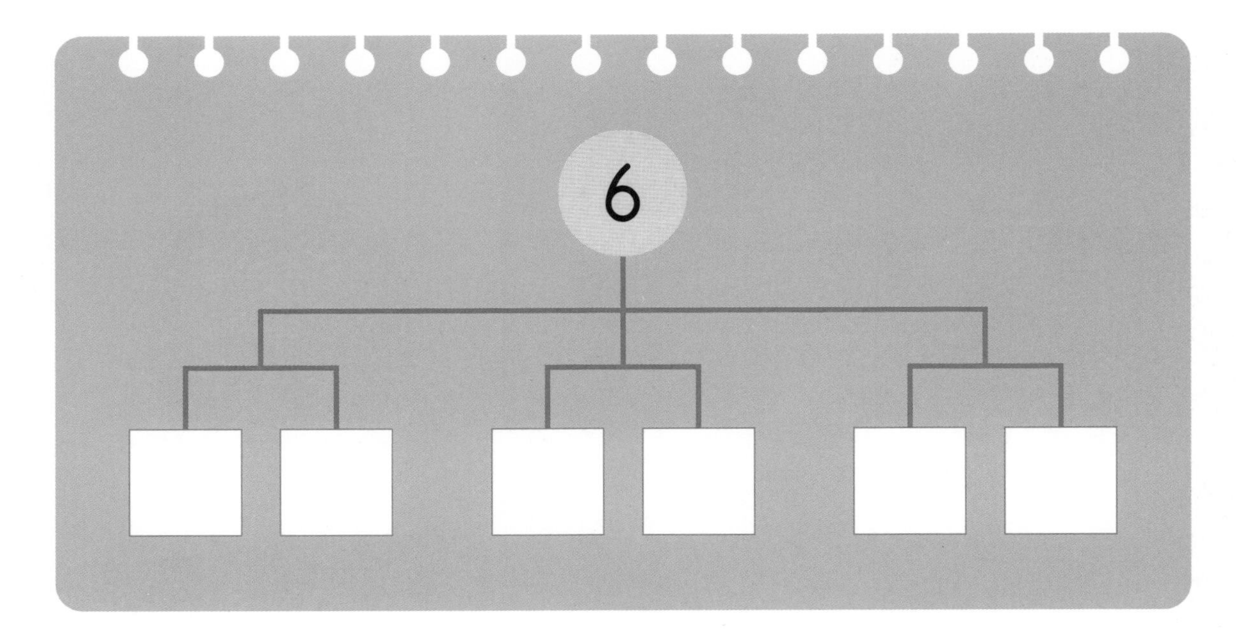

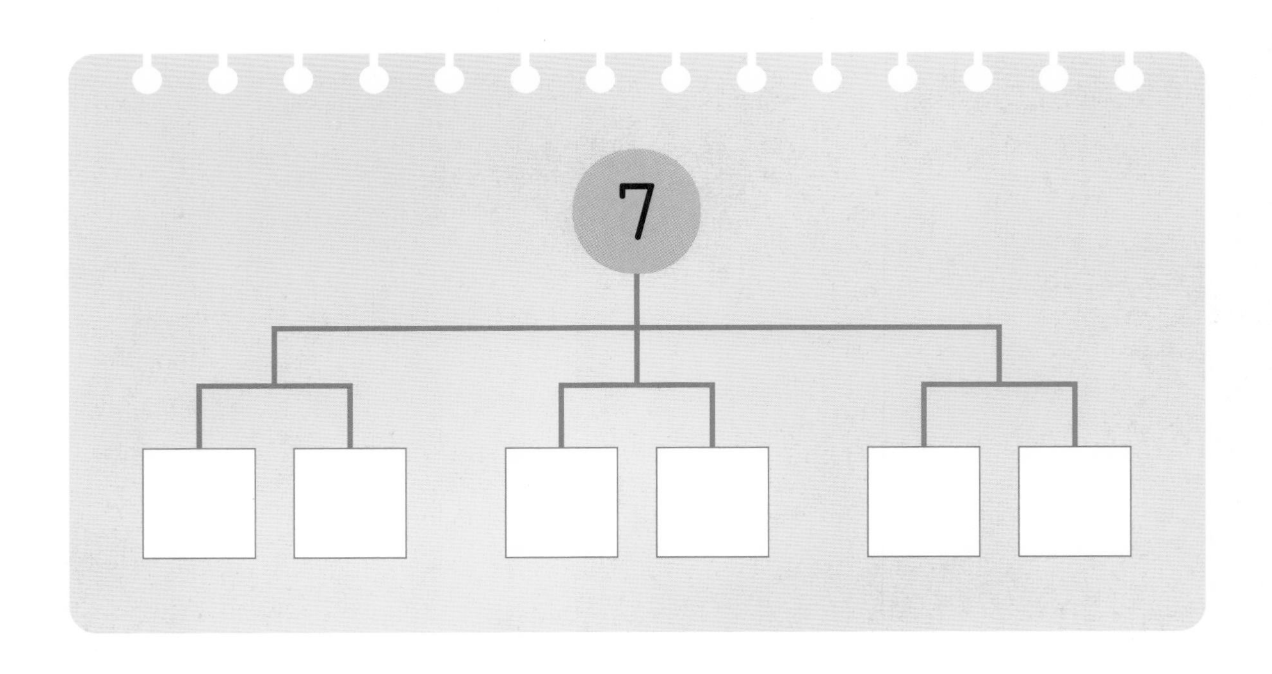

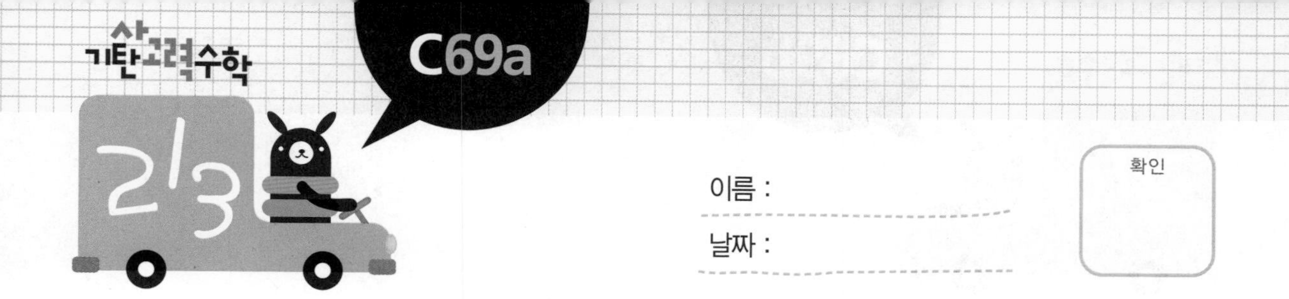

주어진 수를 여러 가지 방법으로 둘로 나누어 빈칸에 써 보세요.

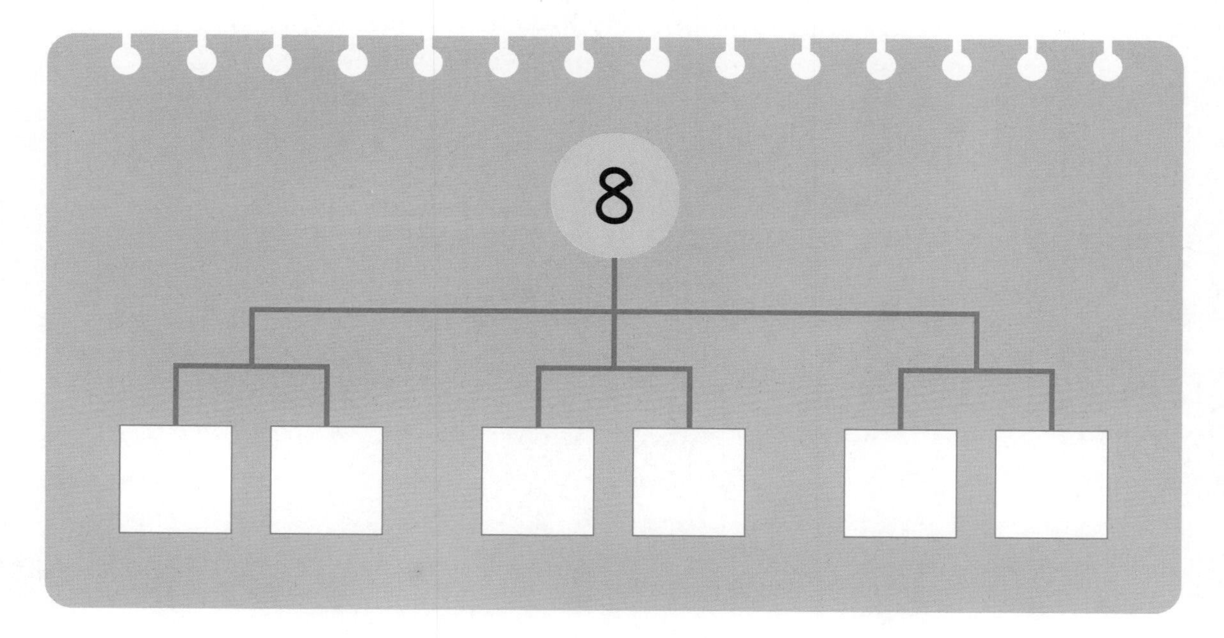

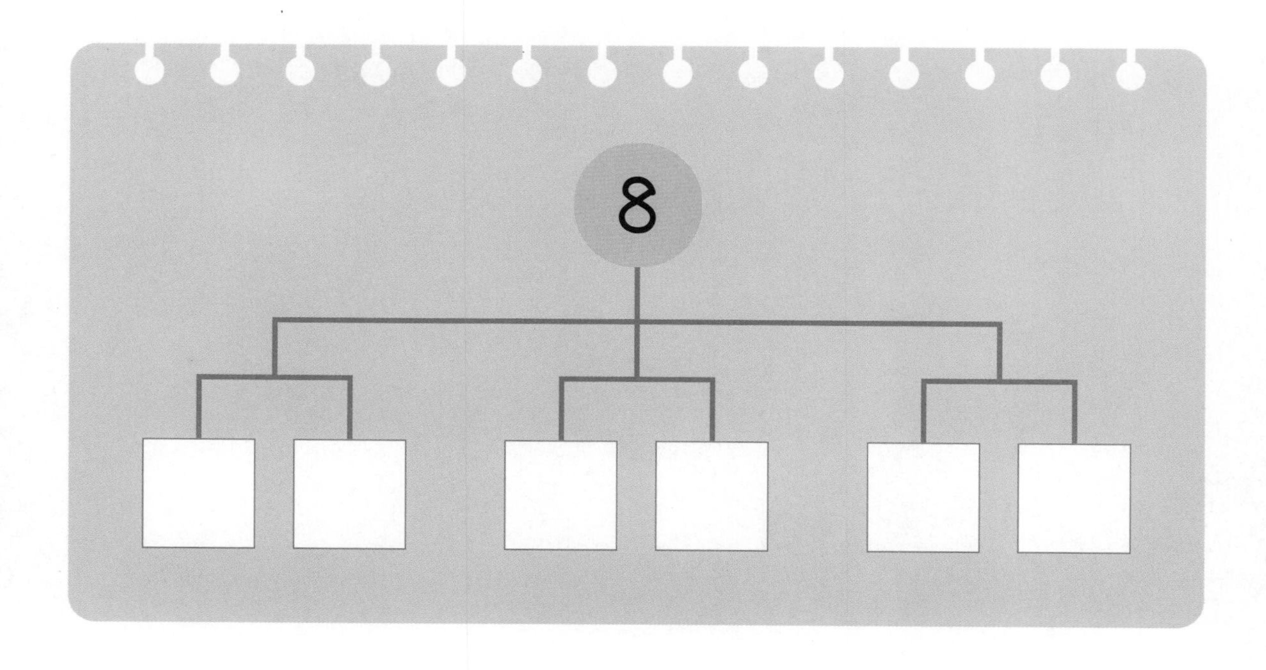

주어진 수를 여러 가지 방법으로 둘로 나누어 빈칸에 써 보세요.

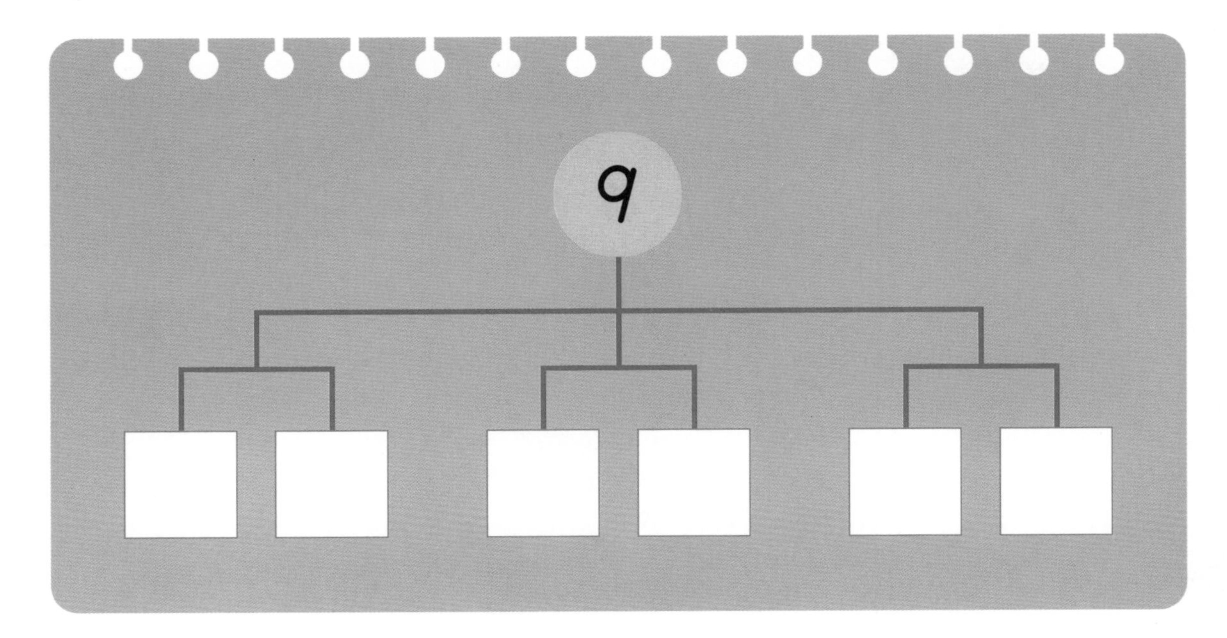

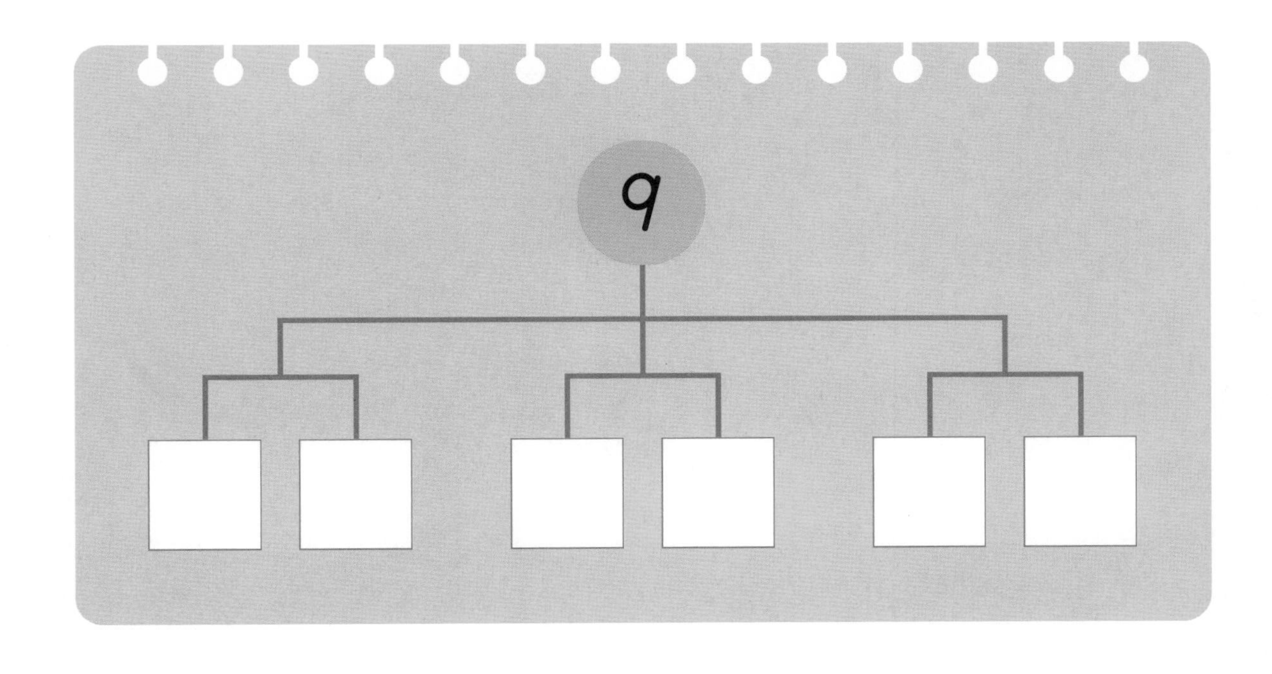

이름 :

날짜 :

확인

[수 모아 보고 다시 수 가르기]

두 수를 모아 보고 다시 다른 방법으로 가르기 하여, □ 안에 각각 알맞은 수를 써 보세요.

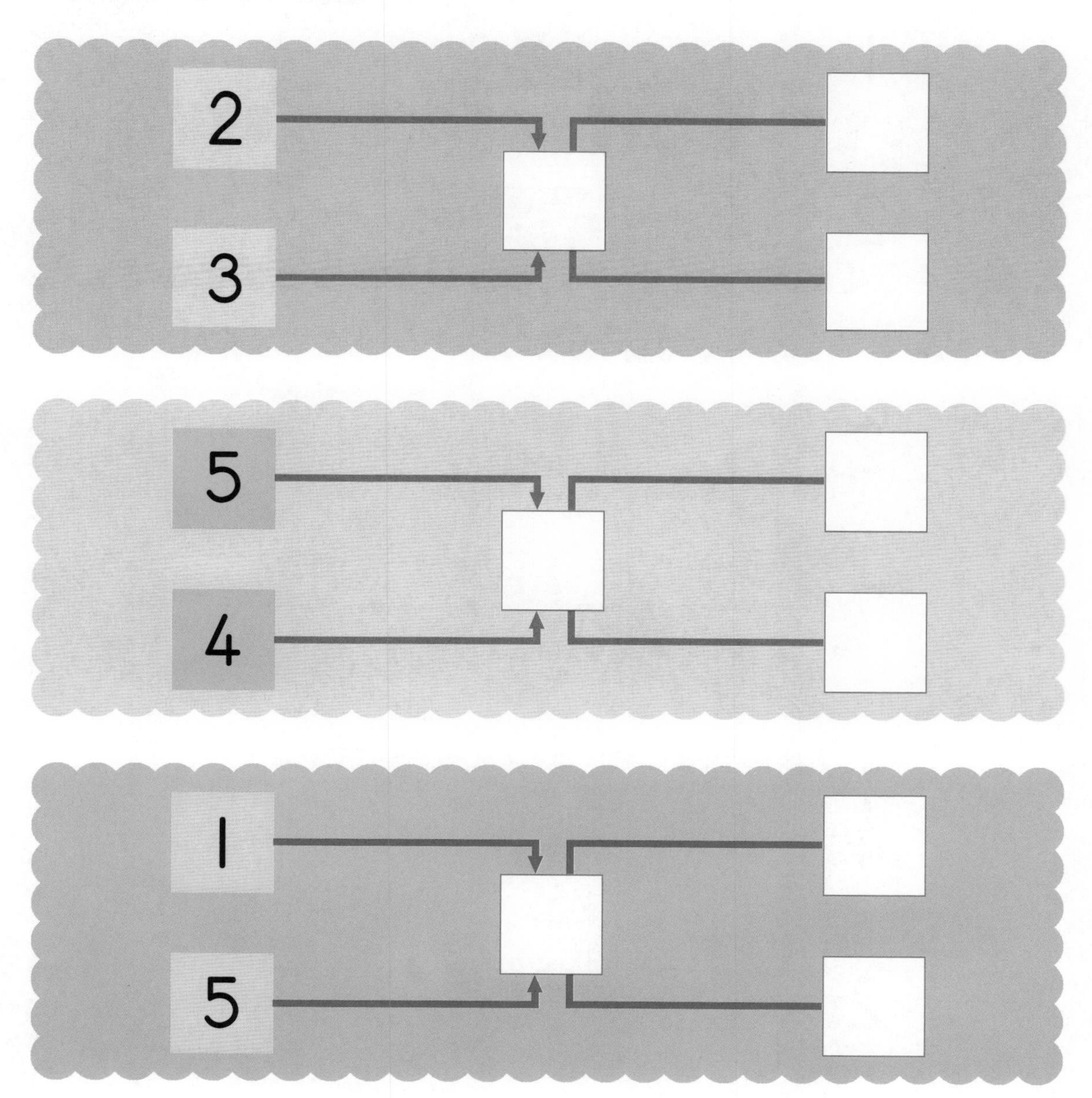

두 수를 모아 보고 다시 다른 방법으로 가르기 하여, □ 안에 각각 알맞은 수를 써 보세요.

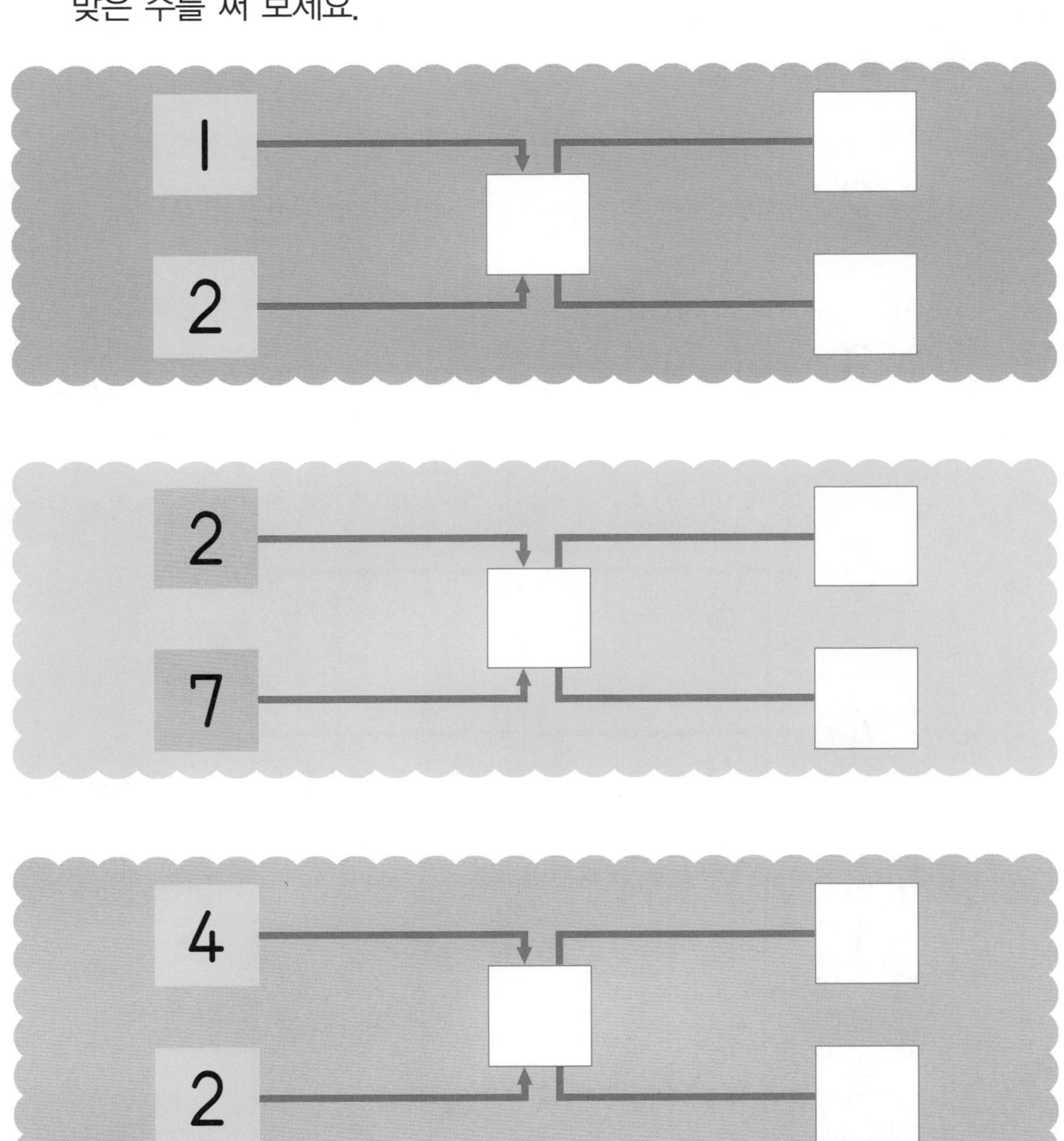

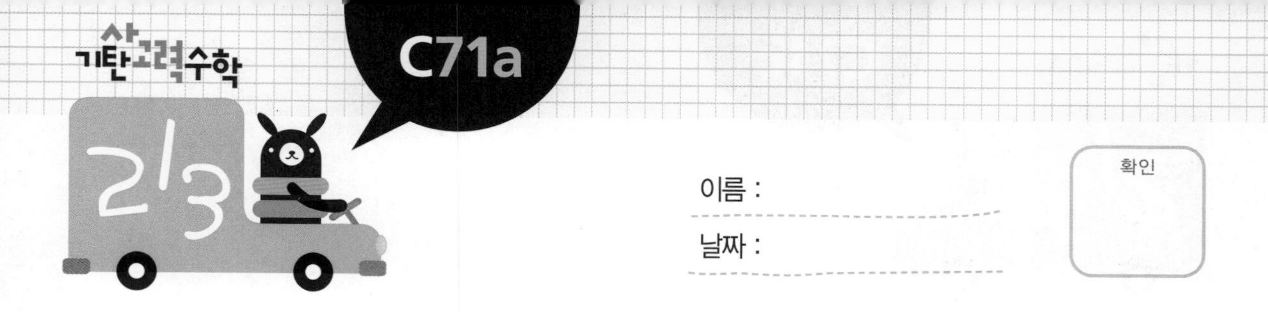

이름 :

날짜 :

확인

두 수를 모아 보고 다시 다른 방법으로 가르기 하여, □ 안에 각각 알맞은 수를 써 보세요.

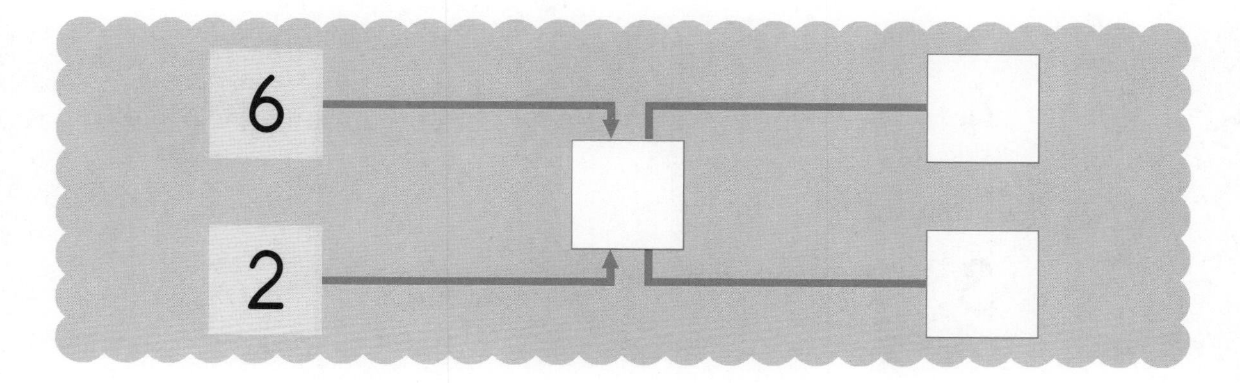

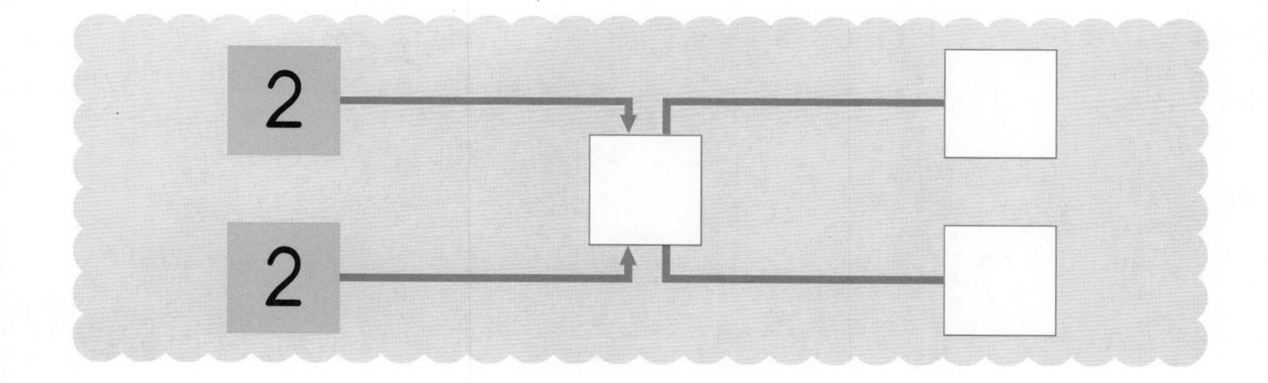

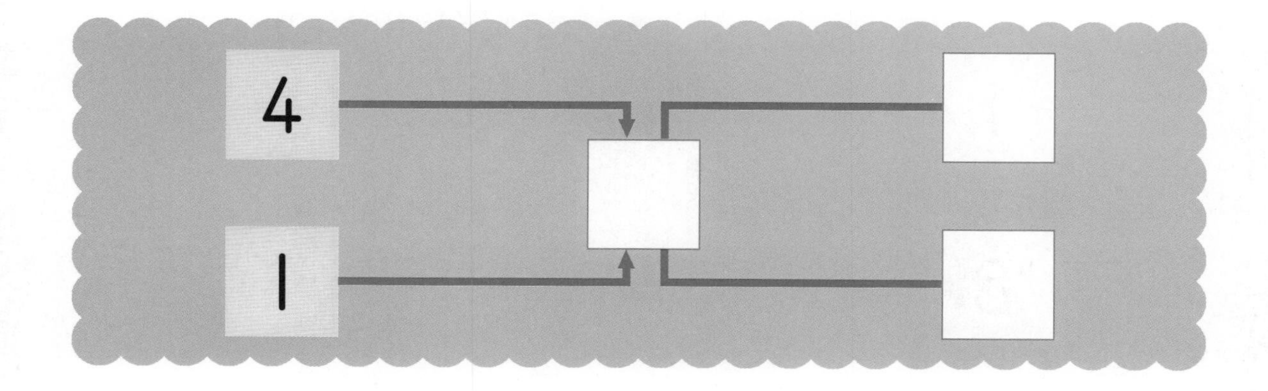

두 수를 모아 보고 다시 다른 방법으로 가르기 하여, □ 안에 각각 알맞은 수를 써 보세요.

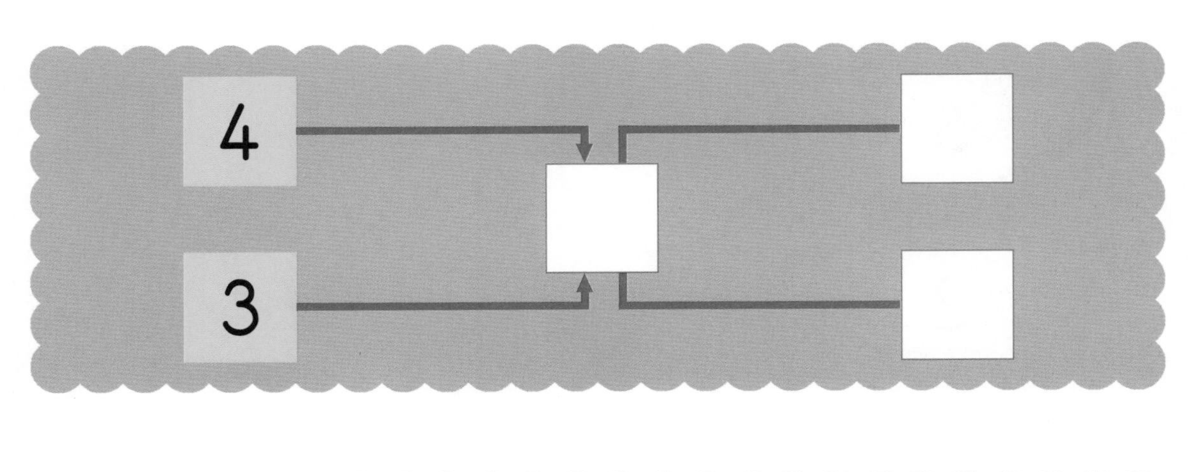

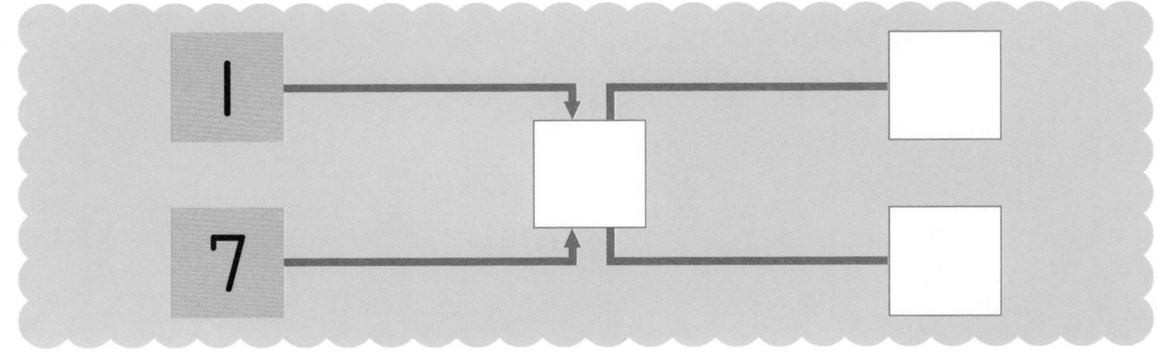

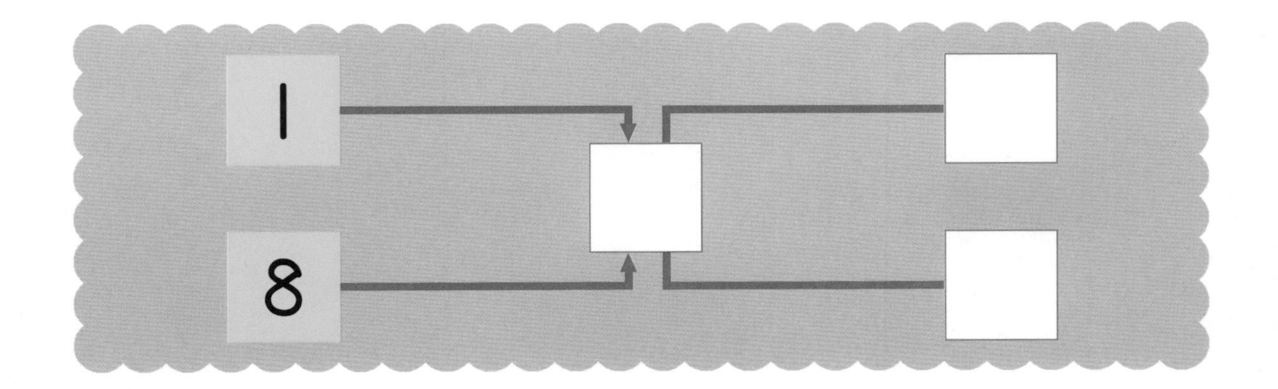

이름 :

날짜 :

확인

[수 가르고 다시 수 모으기]

화살표의 색이 같은 것끼리 가르기나 모으기를 하여 □ 안에 각각 알맞은 수를 써 보세요.

화살표의 색이 같은 것끼리 가르기나 모으기를 하여 □ 안에 각각 알맞은 수를 써 보세요.

이름 :

날짜 :

확인

화살표의 색이 같은 것끼리 가르기나 모으기를 하여 □ 안에 각각 알맞은 수를 써 보세요.

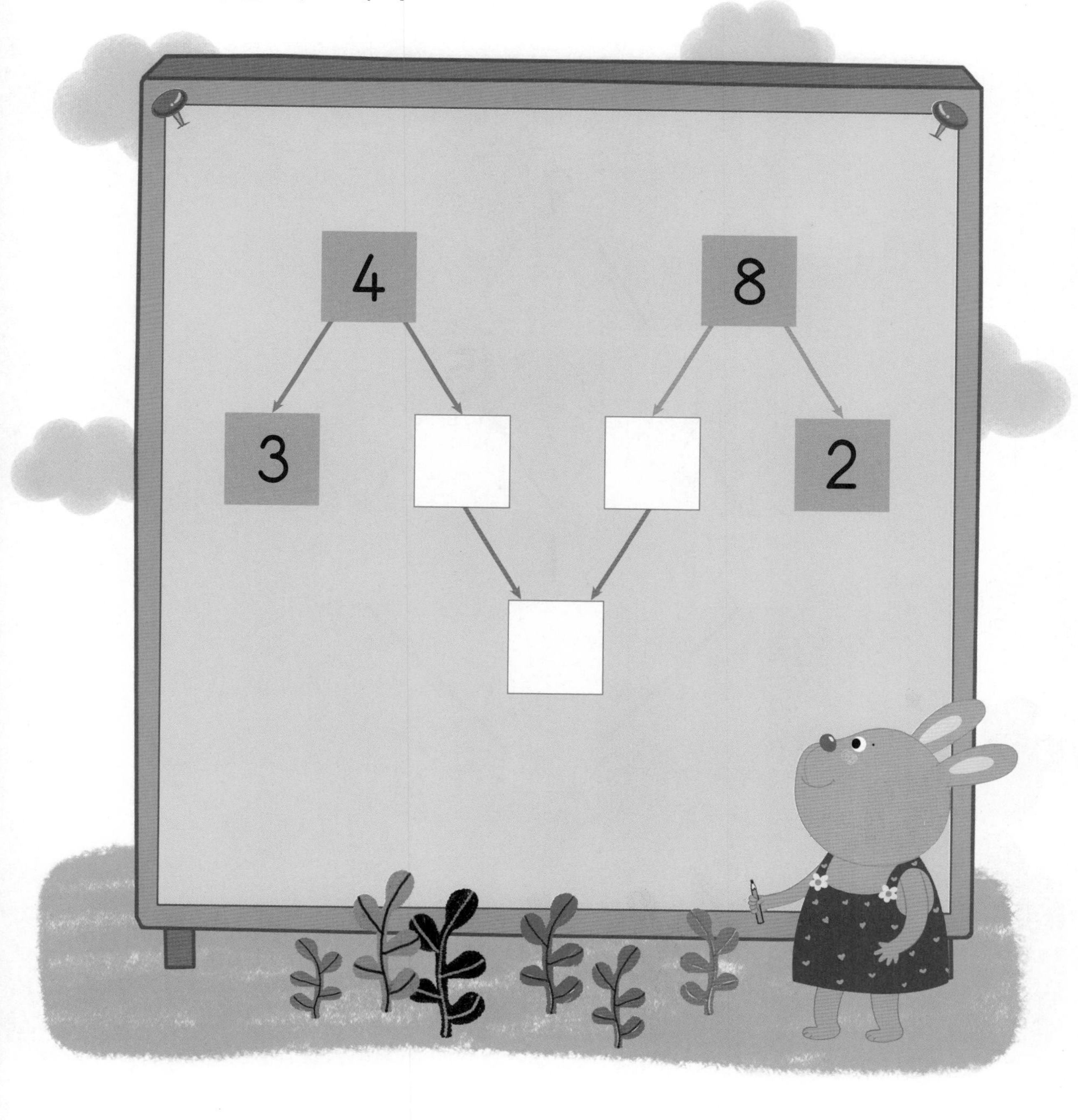

화살표의 색이 같은 것끼리 가르기나 모으기를 하여 □ 안에 각각 알맞은 수를 써 보세요.

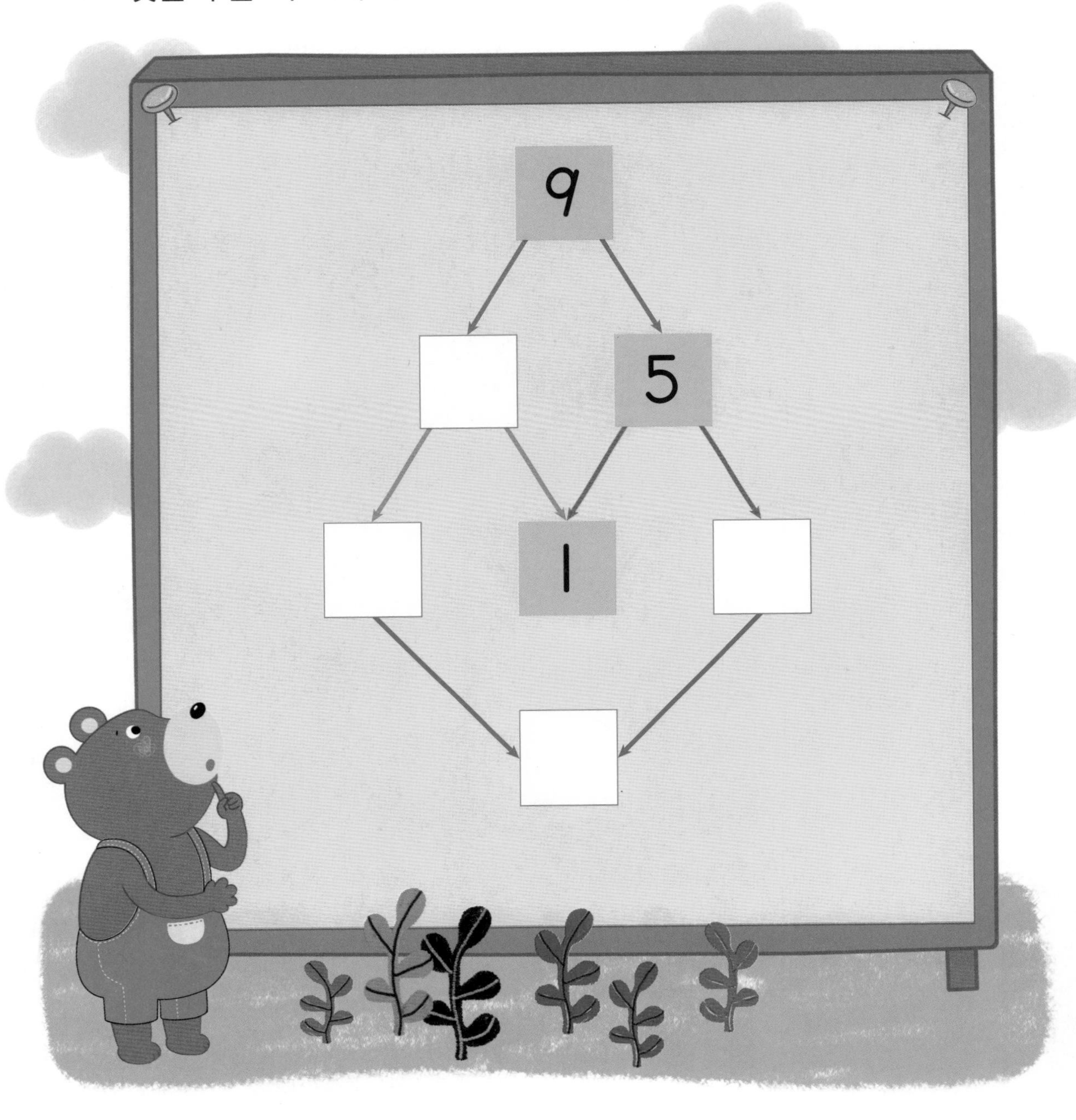

이름 :

날짜 :

확인

화살표의 색이 같은 것끼리 가르기나 모으기를 하여 □ 안에 각각 알맞은 수를 써 보세요.

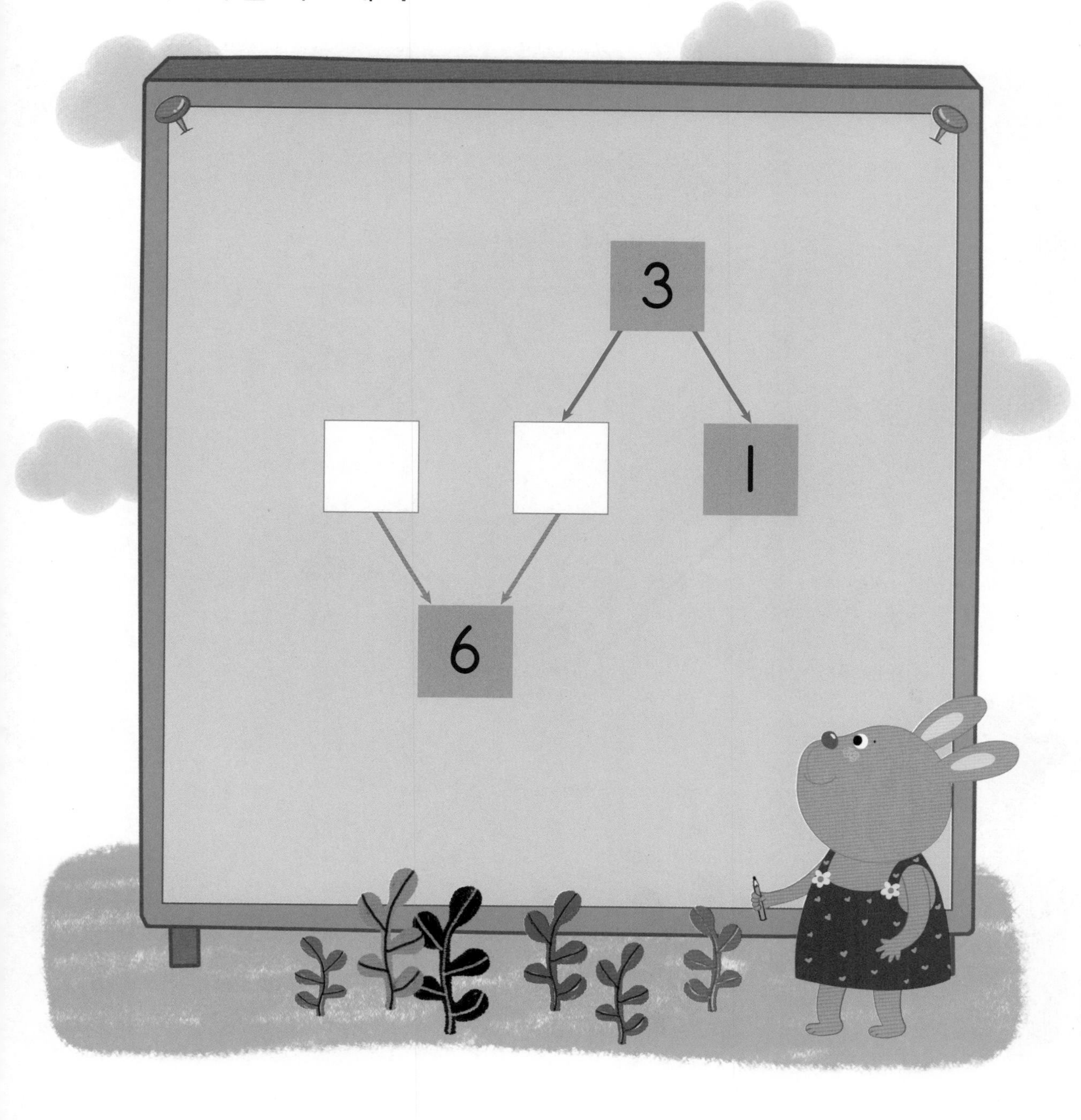

화살표의 색이 같은 것끼리 가르기나 모으기를 하여 □ 안에 각각 알맞은 수를 써 보세요.

이름 :

날짜 :

확인

화살표의 색이 같은 것끼리 가르기나 모으기를 하여 □ 안에 각각 알맞은 수를 써 보세요.

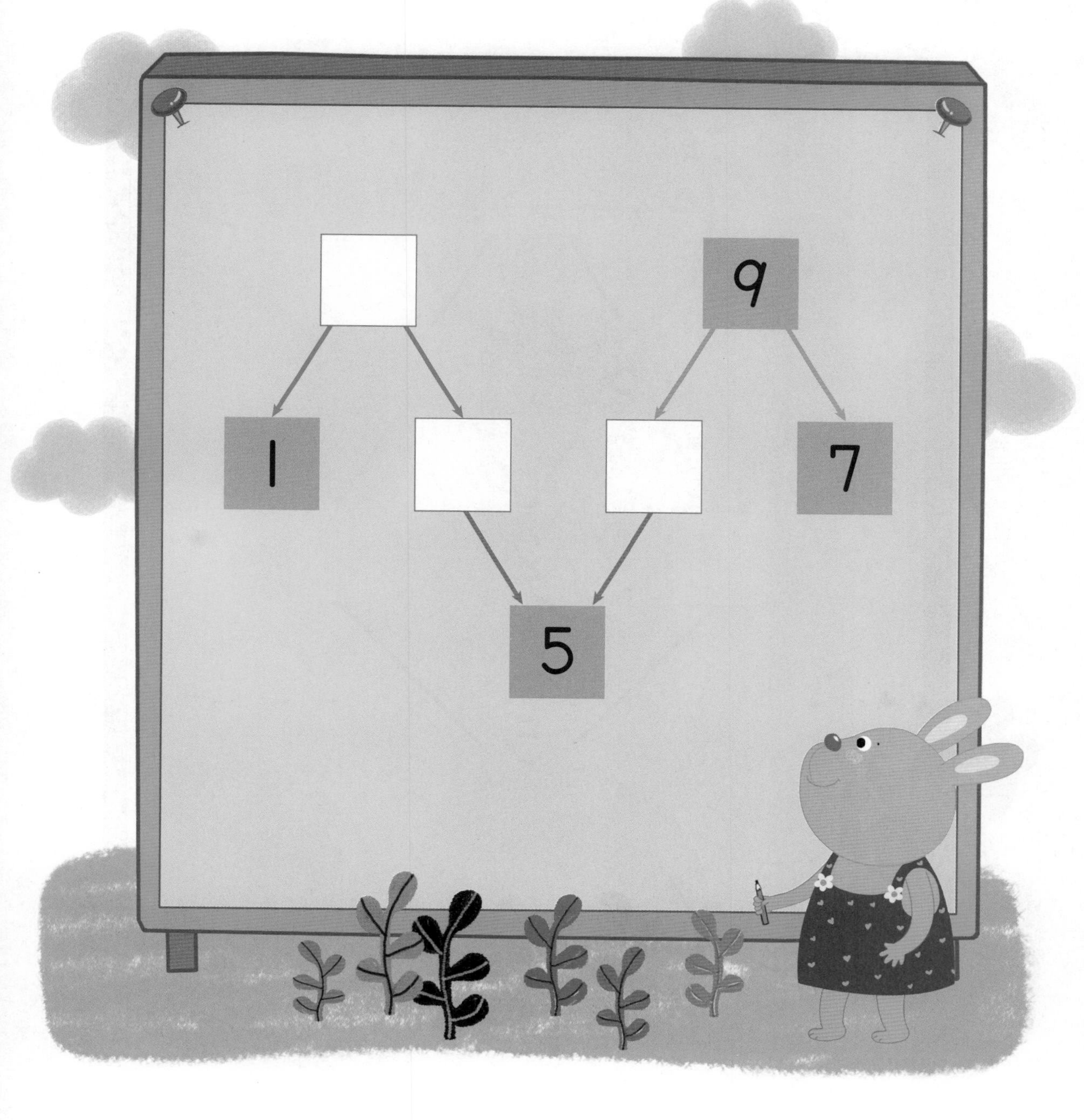

화살표의 색이 같은 것끼리 가르기나 모으기를 하여 □ 안에 각각 알맞은 수를 써 보세요.

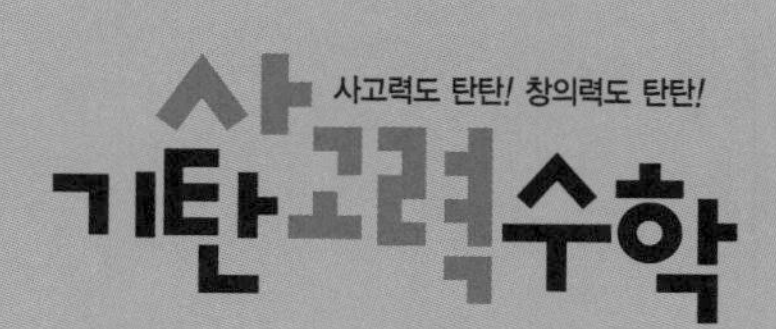

C2

C76a ~ C90b

학습 내용

더해 보기	• 더해 보기 • 세로로 더해 보기

이번 주는?

• 학습 방법 : ① 매일매일 ② 가끔 ③ 한꺼번에
하였습니다.

• 학습 태도 : ① 스스로 잘 ② 시켜서 억지로
하였습니다.

• 학습 흥미 : ① 재미있게 ② 싫증 내며
하였습니다.

• 교재 내용 : ① 적합하다고 ② 어렵다고 ③ 쉽다고
하였습니다.

지도 교사가 부모님께

부모님이 지도 교사께

평가 Ⓐ 아주 잘함 Ⓑ 잘함 Ⓒ 보통 Ⓓ 부족함

원(교) 반 이름 전화

기초부터 탄탄하게 기탄교육

이렇게 도와주세요!

더해 보기

어린이들은 일상생활 속에서 종종 더하기나 빼기가 요구되는 상황에 부딪히게 됩니다. 예를 들어 어머니가 과자를 2개 주고 할머니가 과자 3개를 더 주었을 때, 과자는 모두 몇 개인가를 알아보는 상황에서 어린이는 더하기의 필요성을 느끼게 됩니다.
이번 더해 보기 활동에서는 더하여 합이 10 미만의 수인 더하기 활동을 경험하도록 하고 있습니다.
더해 보기 활동에서 '3+2=5'와 같이 수식을 사용한 형식적인 더하기에 치우치지 말고 더해 보기의 개념을 이해할 수 있는 활동으로 진행될 수 있도록 이끌어 주는 것이 좋습니다.

지도 내용

합이 10 미만인 수의 더하기를 할 수 있도록 합니다.

지도 요점

- 더해 보기의 유형으로는 전체 수량을 헤아려 보고 답을 구하는 것과 큰 수에서부터 시작하여 수 세기를 해 보는 방법이 있습니다.
- 덧셈식의 지도가 너무 무리하게 진행되지 않도록 유의합니다.

이름 :

날짜 :

확인

[더해 보기]

그림을 보고 □ 안에 각각 알맞은 수를 써 보세요.

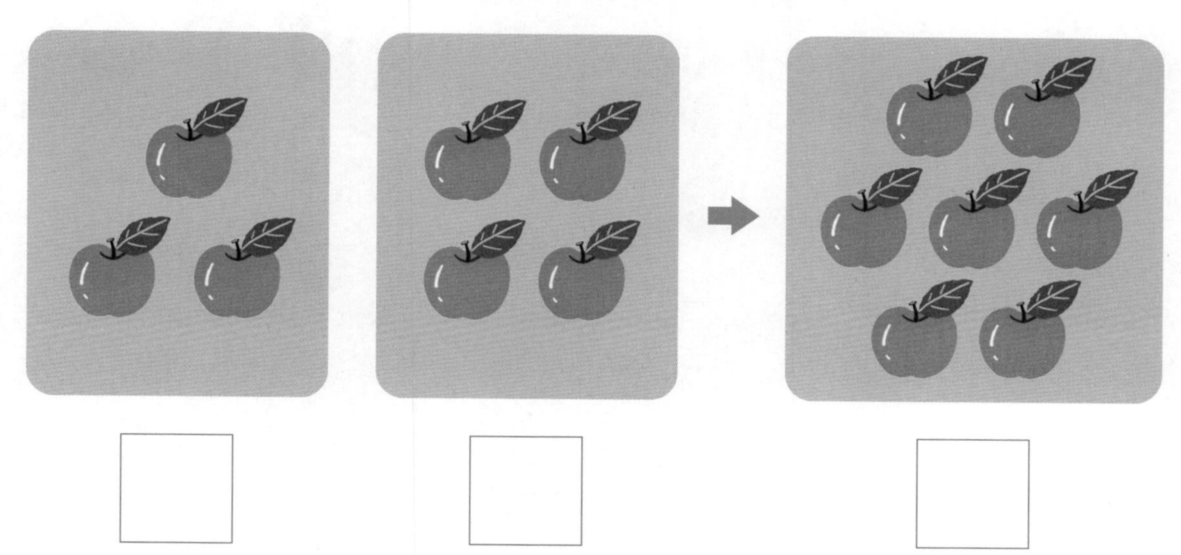

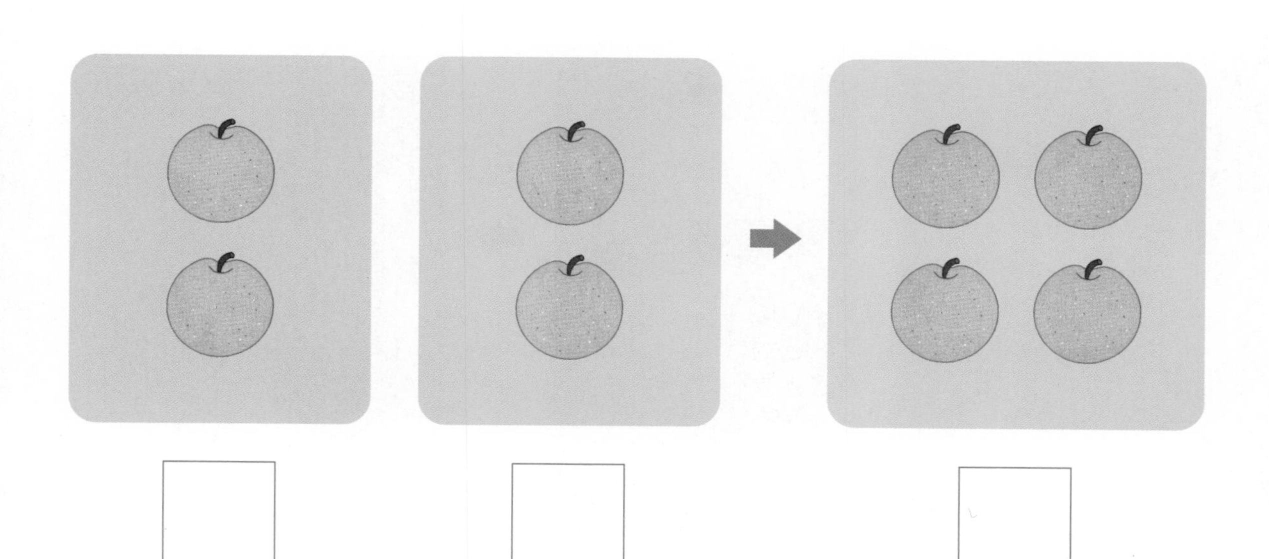

그림을 보고 □ 안에 각각 알맞은 수를 써 보세요.

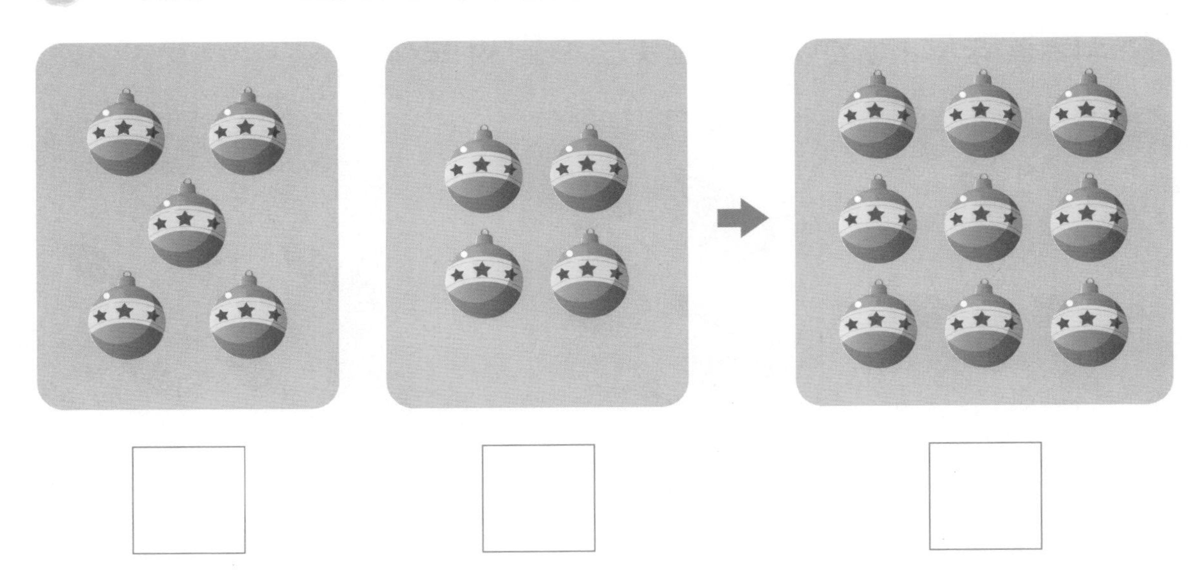

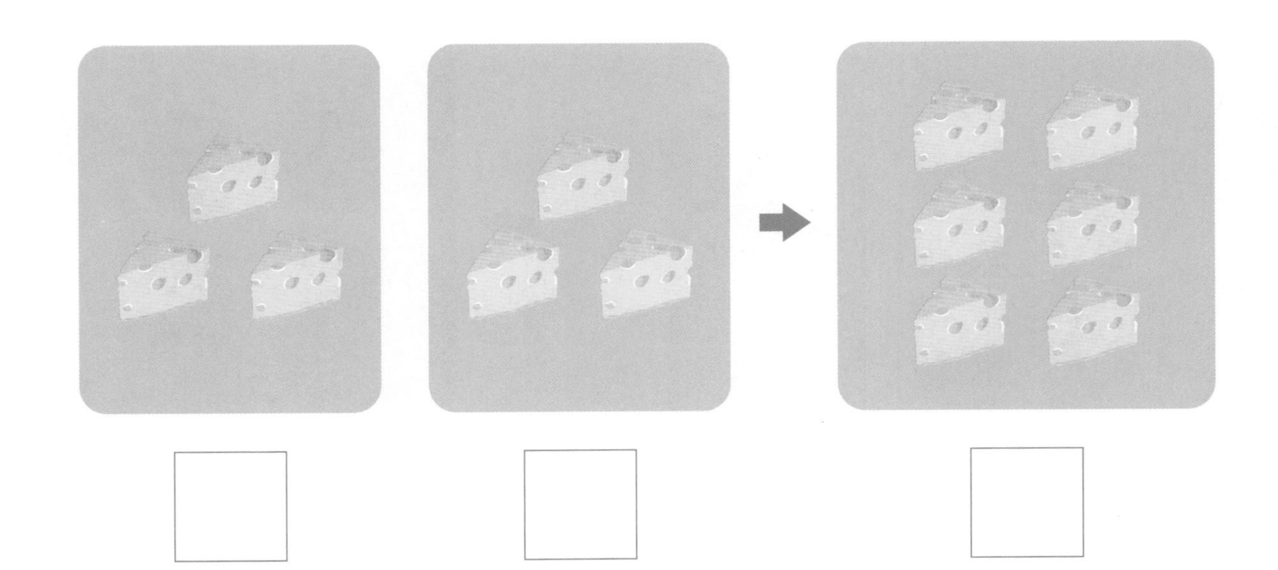

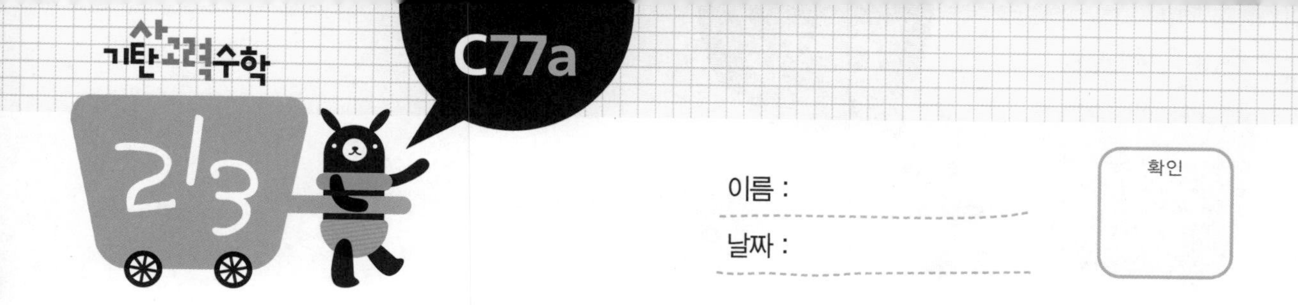

이름 :

날짜 :

확인

그림을 보고 ◯ 안에 알맞은 수를 써 보세요.

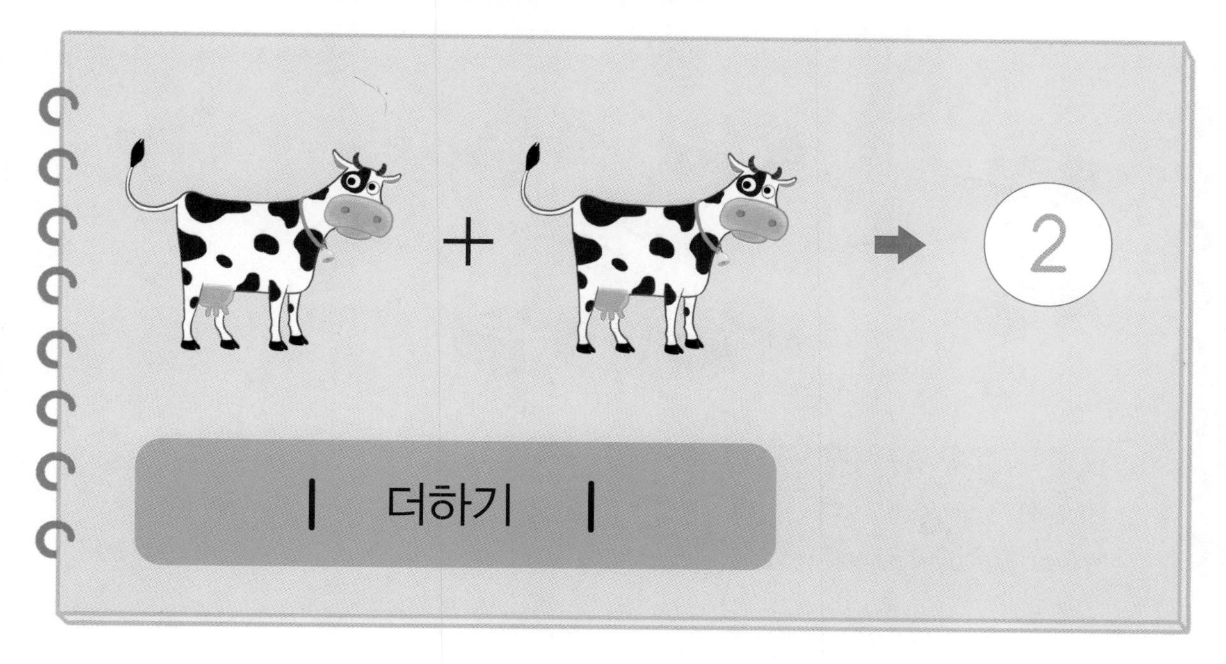

그림을 보고 ◯ 안에 알맞은 수를 써 보세요.

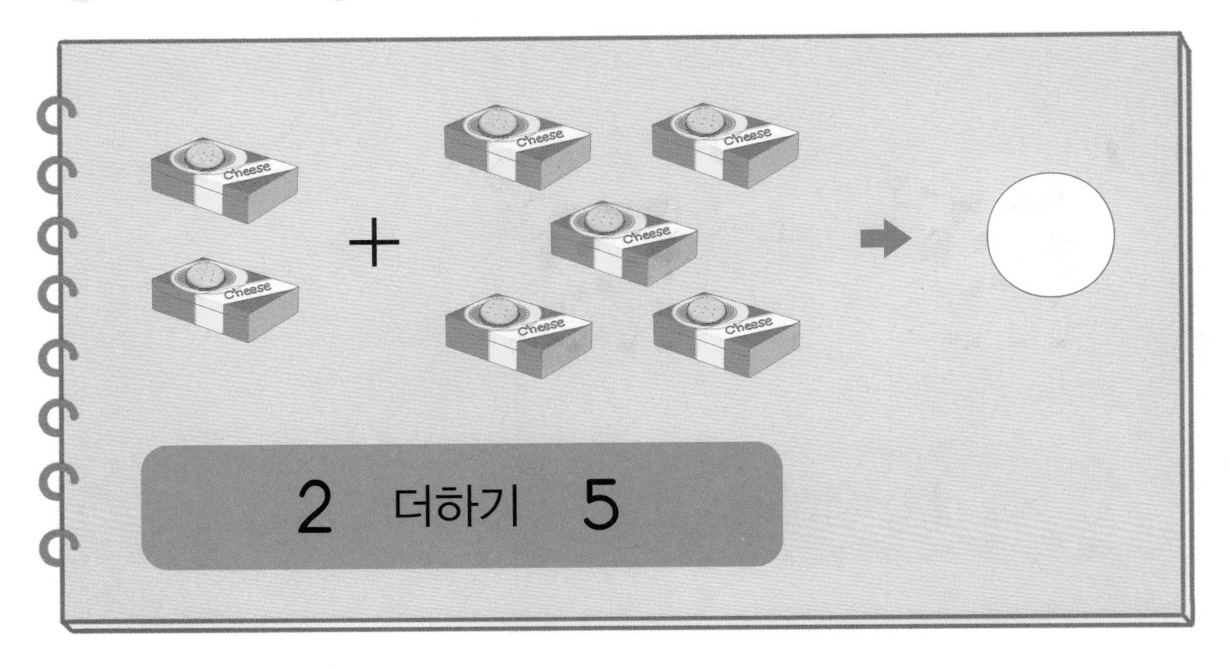

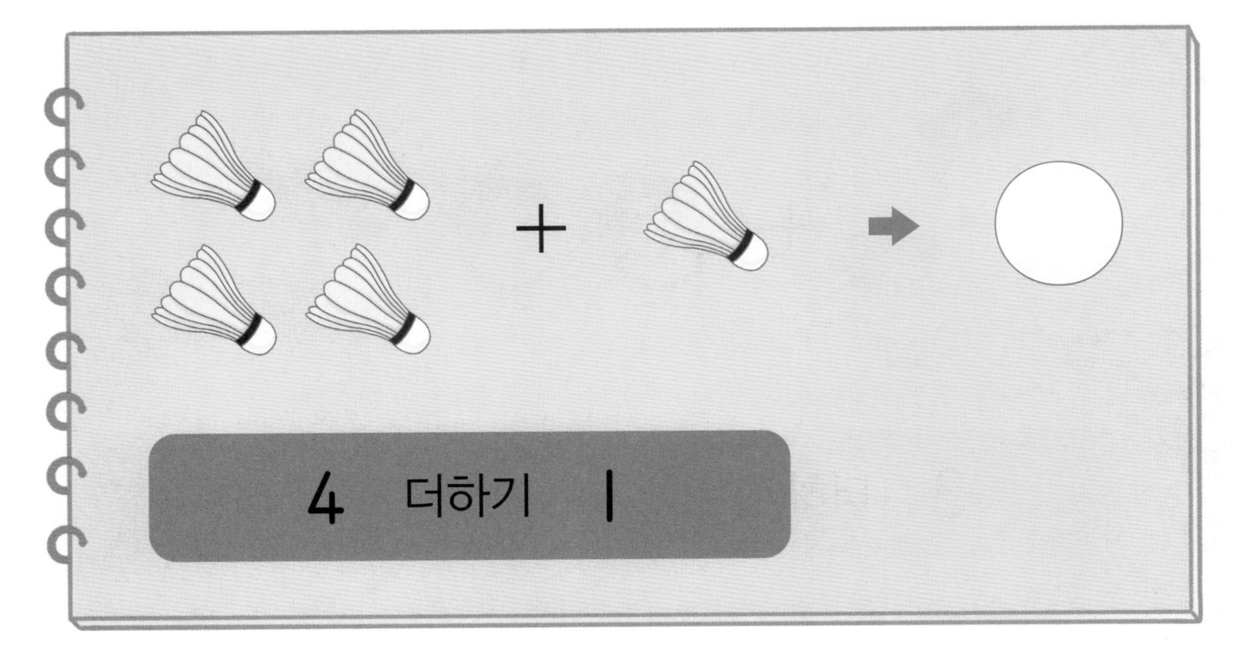

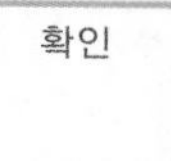

이름 :

날짜 :

확인

그림을 보고 ◯ 안에 알맞은 기호를 써 보세요.

4 ◯ 2 = 6

4 더하기 2는 6입니다.

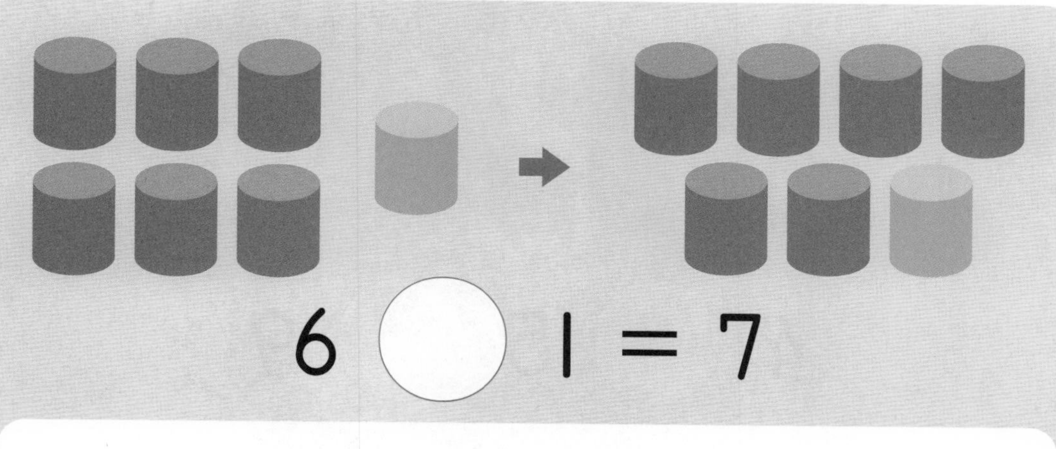

6 ◯ 1 = 7

6 더하기 1은 7입니다.

그림을 보고 ◯ 안에 각각 알맞은 기호를 써 보세요.

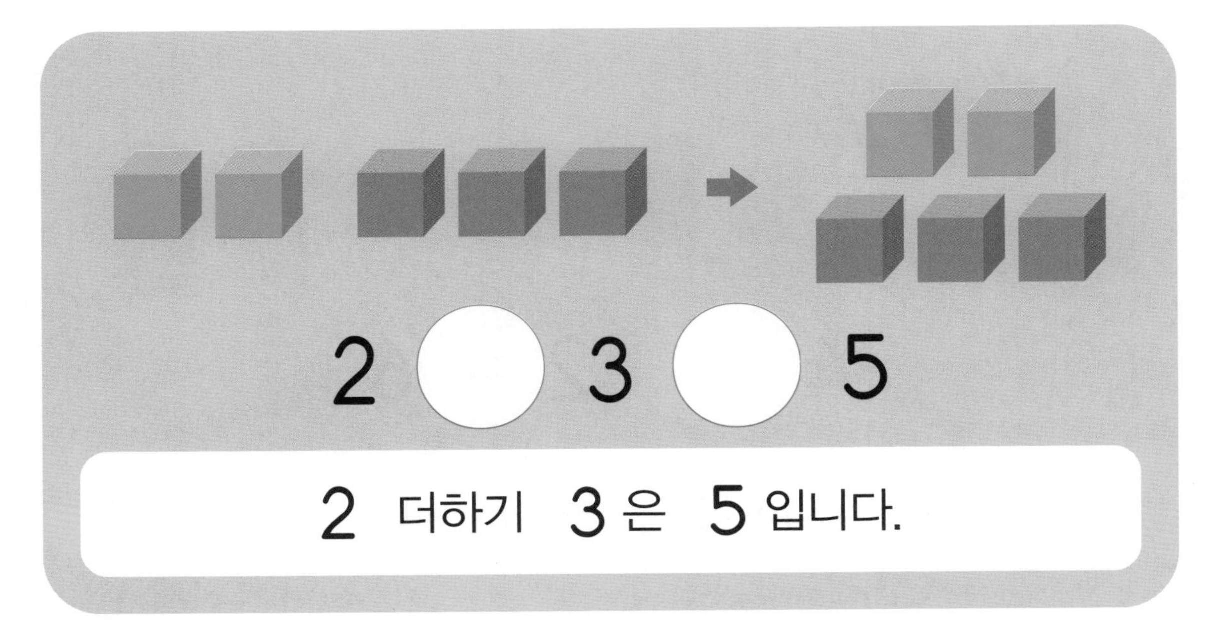

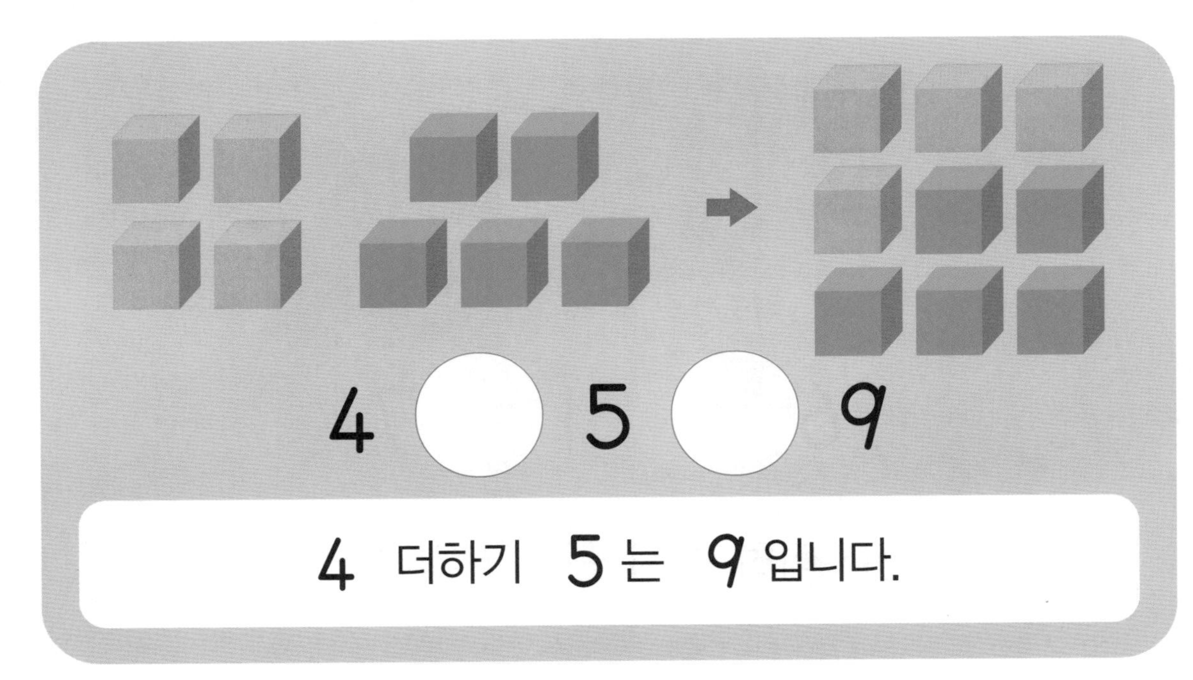

이름 :

날짜 :

확인

그림을 보고 □ 안에 각각 알맞은 수를 써 보세요.

□ 더하기 □ 은 □ 입니다.

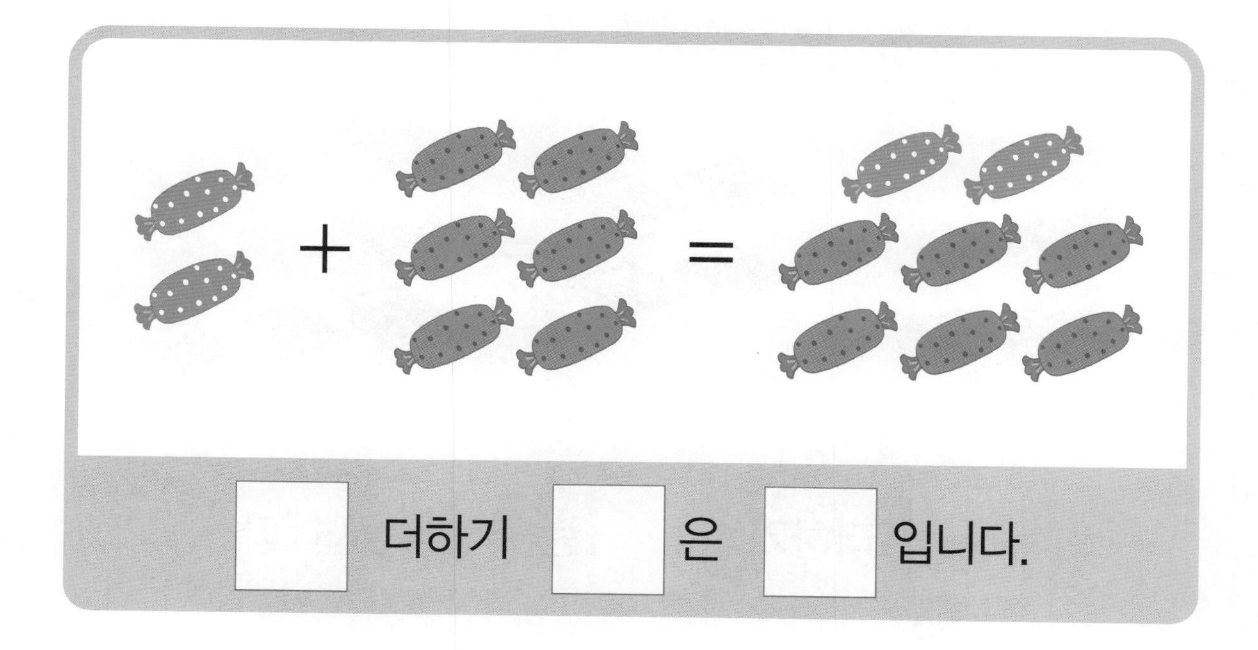

그림을 보고 □ 안에 각각 알맞은 수를 써 보세요.

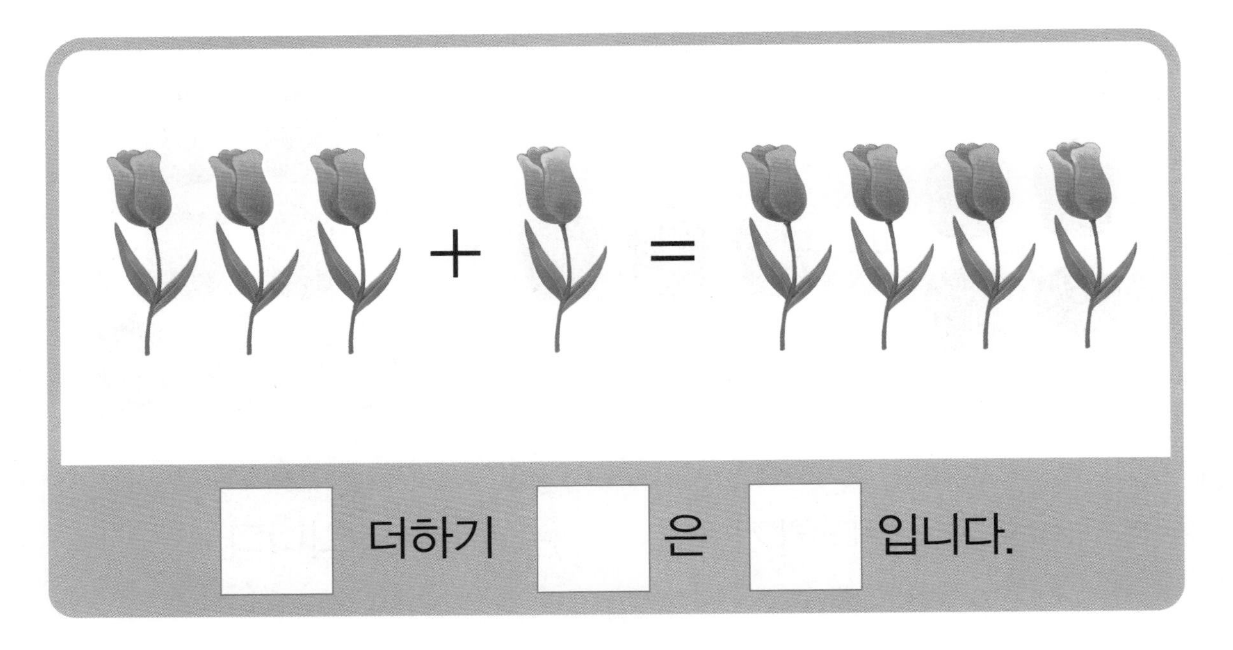

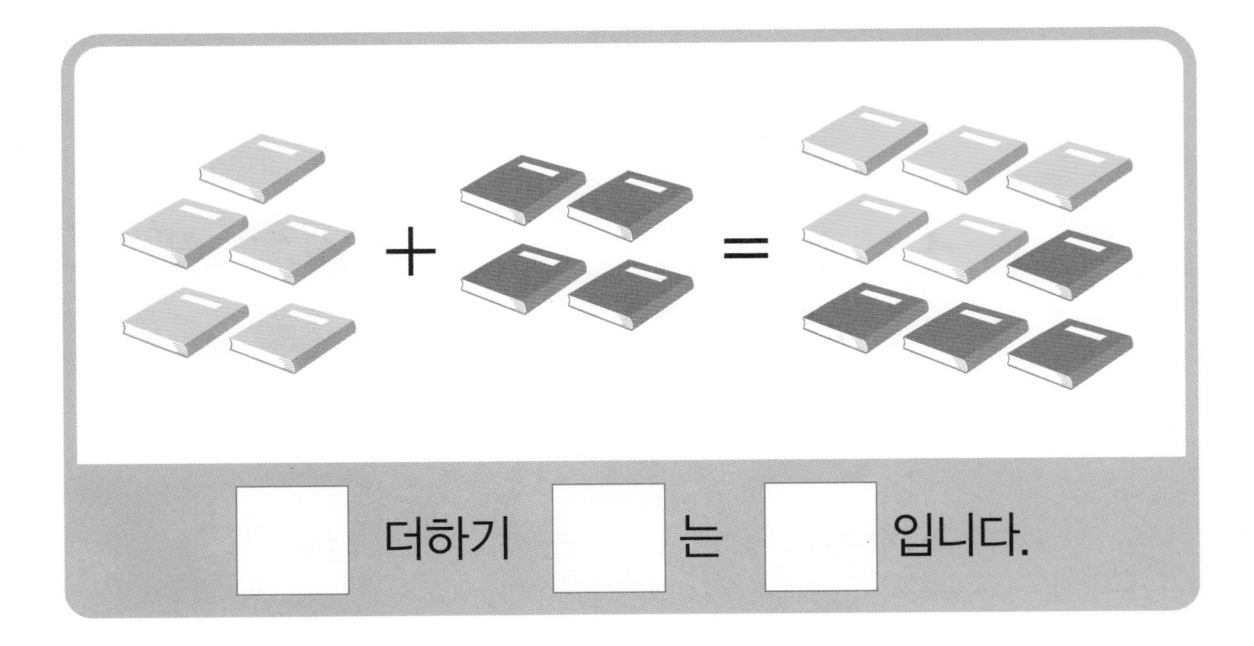

이름 :

날짜 :

확인

그림을 보고 □ 안에 알맞은 수를 써 보세요.

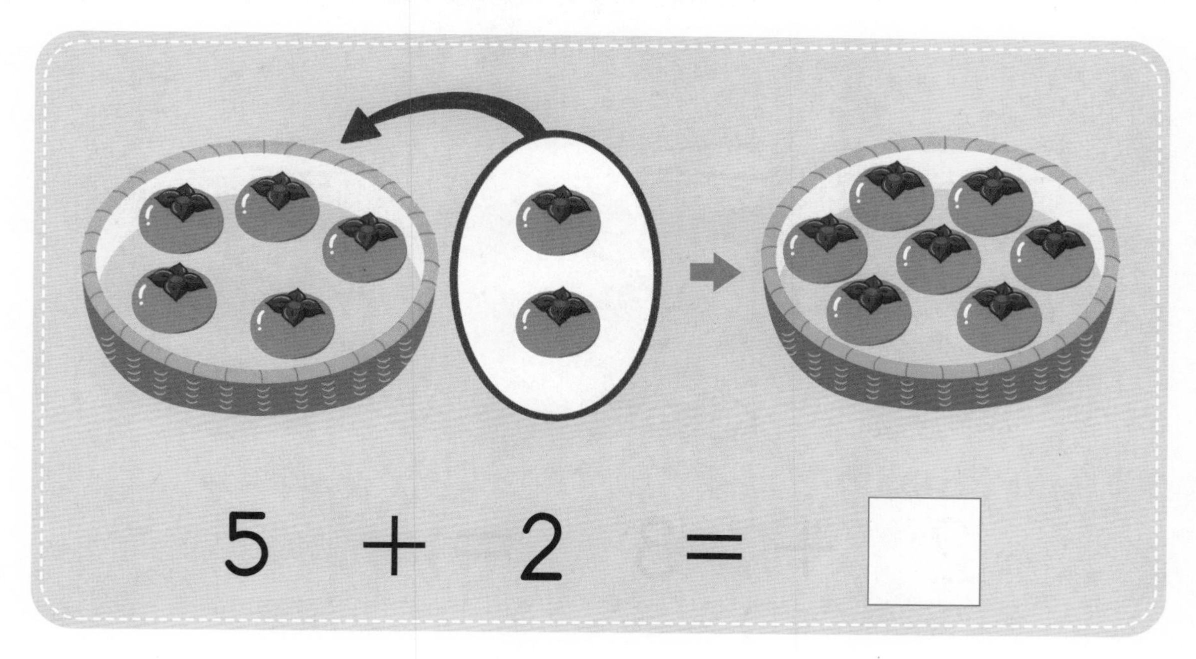

5 + 2 = □

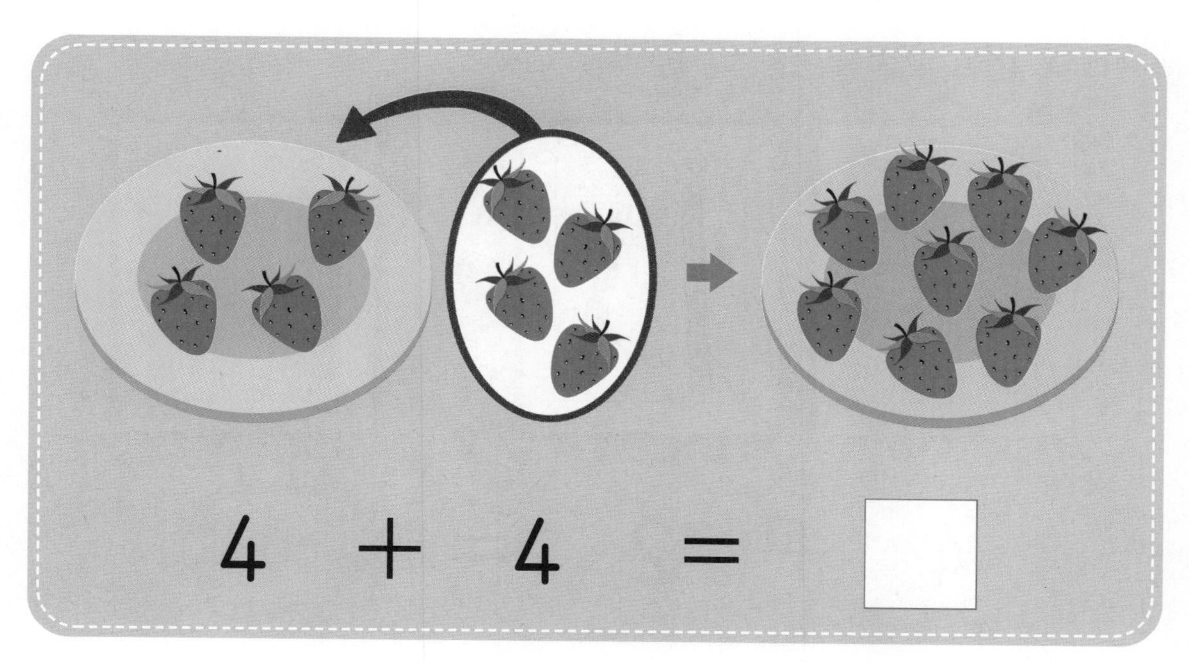

4 + 4 = □

그림을 보고 □ 안에 알맞은 수를 써 보세요.

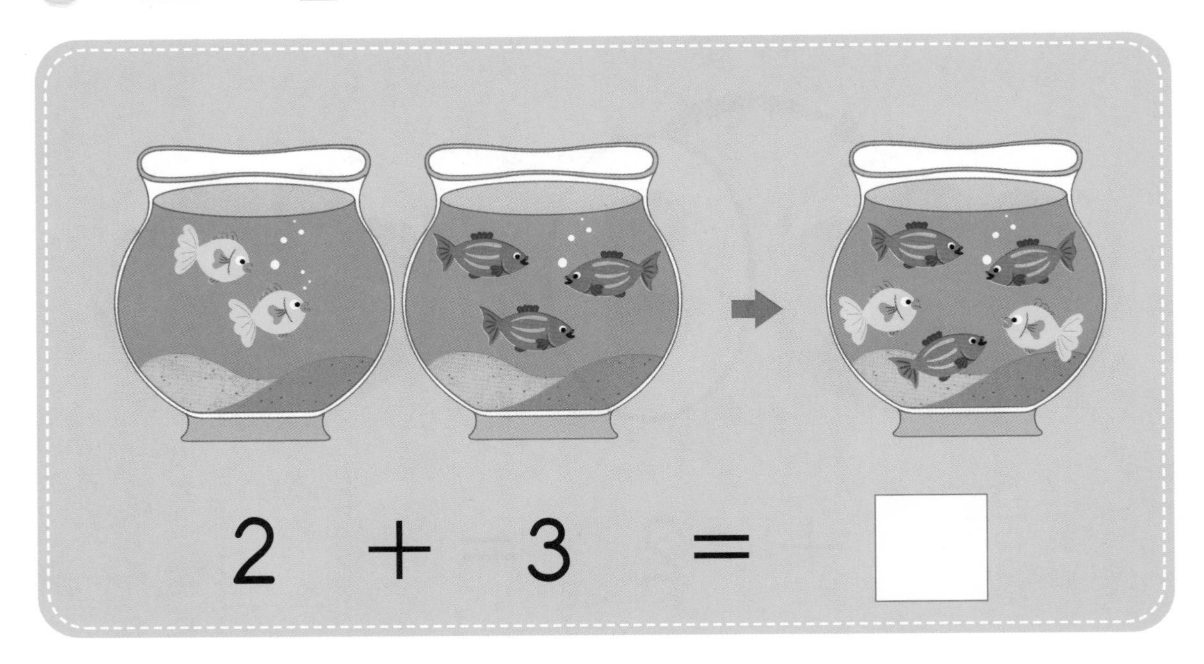

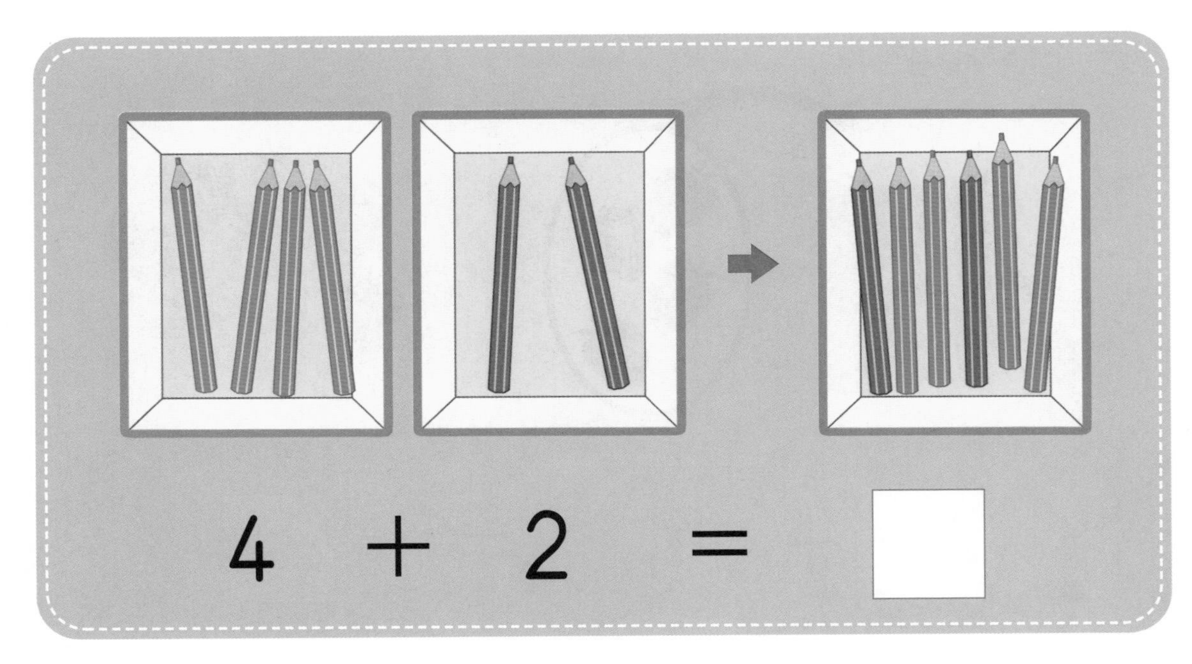

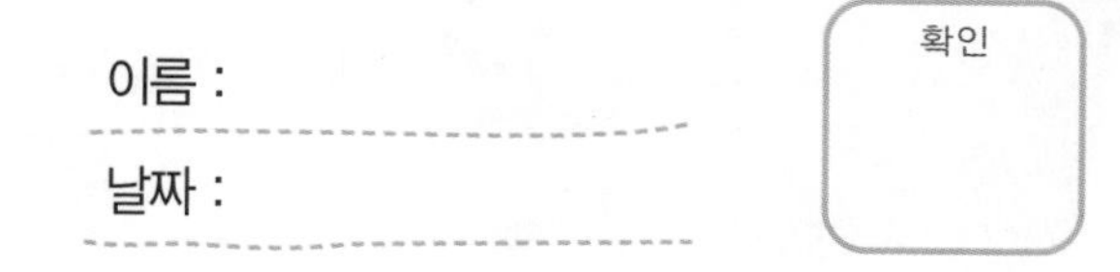

두 그림을 더한 수만큼 빈 곳에 △를 그려 보고 □ 안에 알맞은 수를 써 보세요.

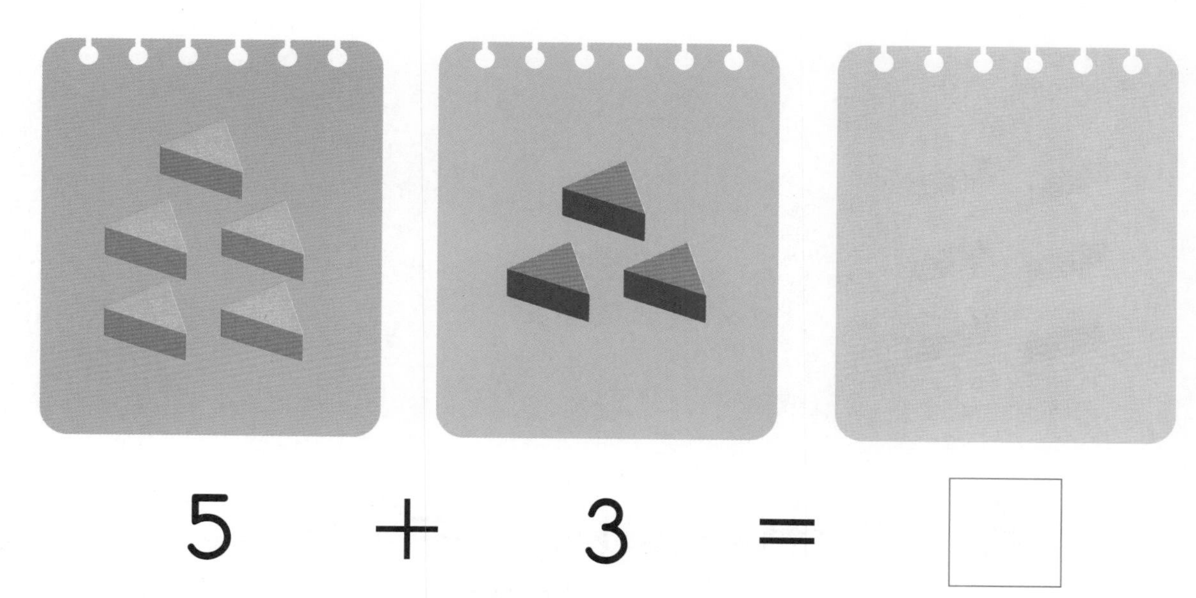

5 + 3 = □

2 + 4 = □

두 그림을 더한 수만큼 빈 곳에 △를 그려 보고 □ 안에 알맞은 수를 써 보세요.

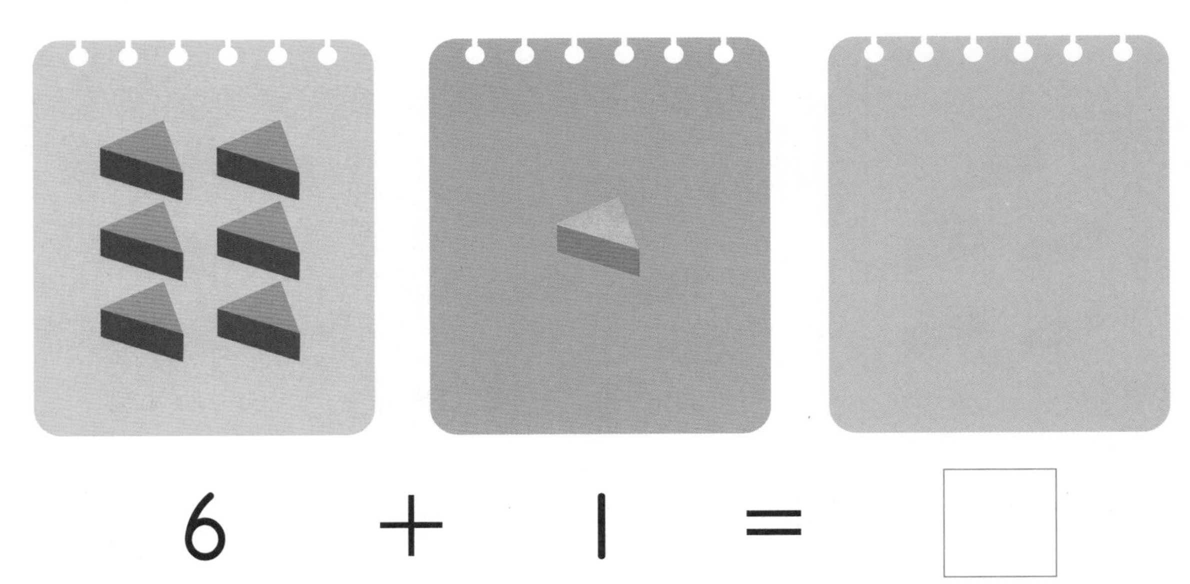

6 + 1 = □

3 + 2 = □

이름 :

날짜 :

확인

그림을 보고 □ 안에 각각 알맞은 수를 써 보세요.

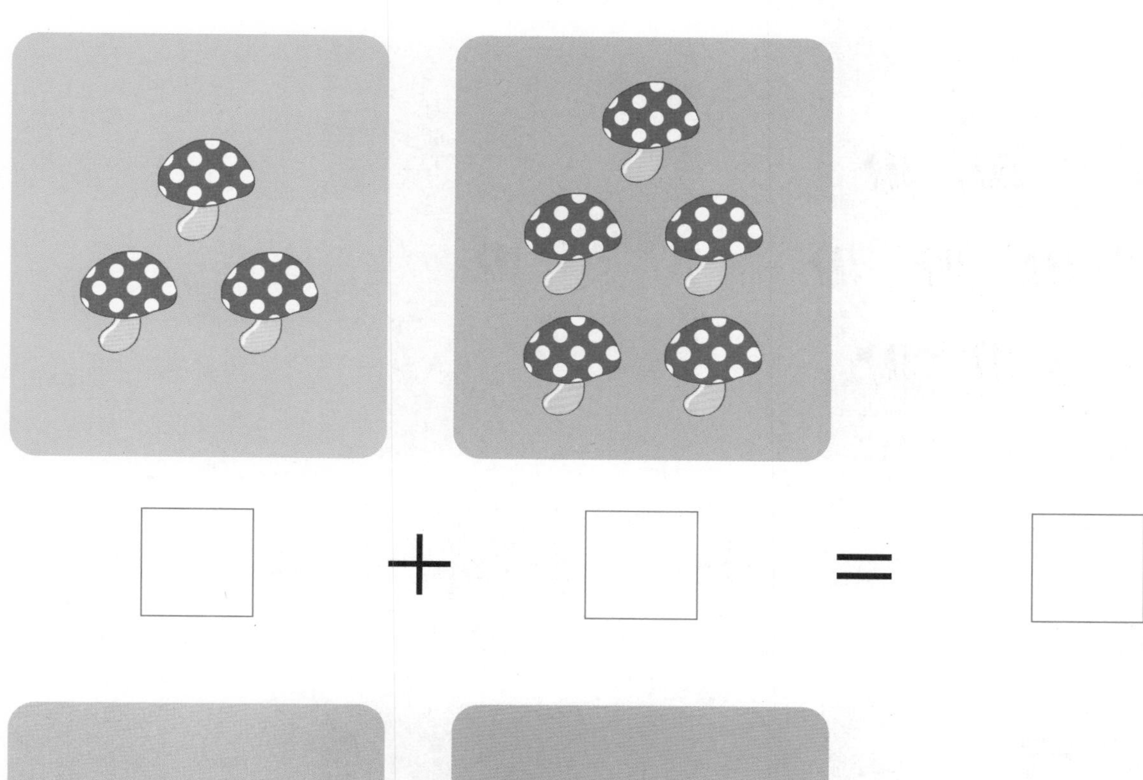

□ + □ = □

□ + □ = □

그림을 보고 □ 안에 각각 알맞은 수를 써 보세요.

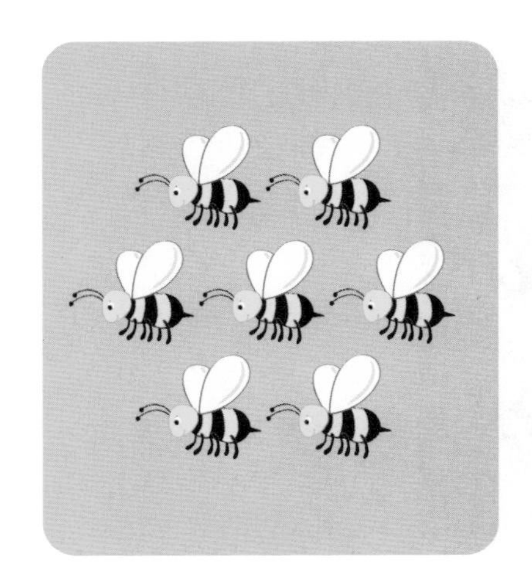

□ + □ = □

□ + □ = □

이름 :

날짜 :

확인

그림을 보고 □ 안에 각각 알맞은 수를 써 보세요.

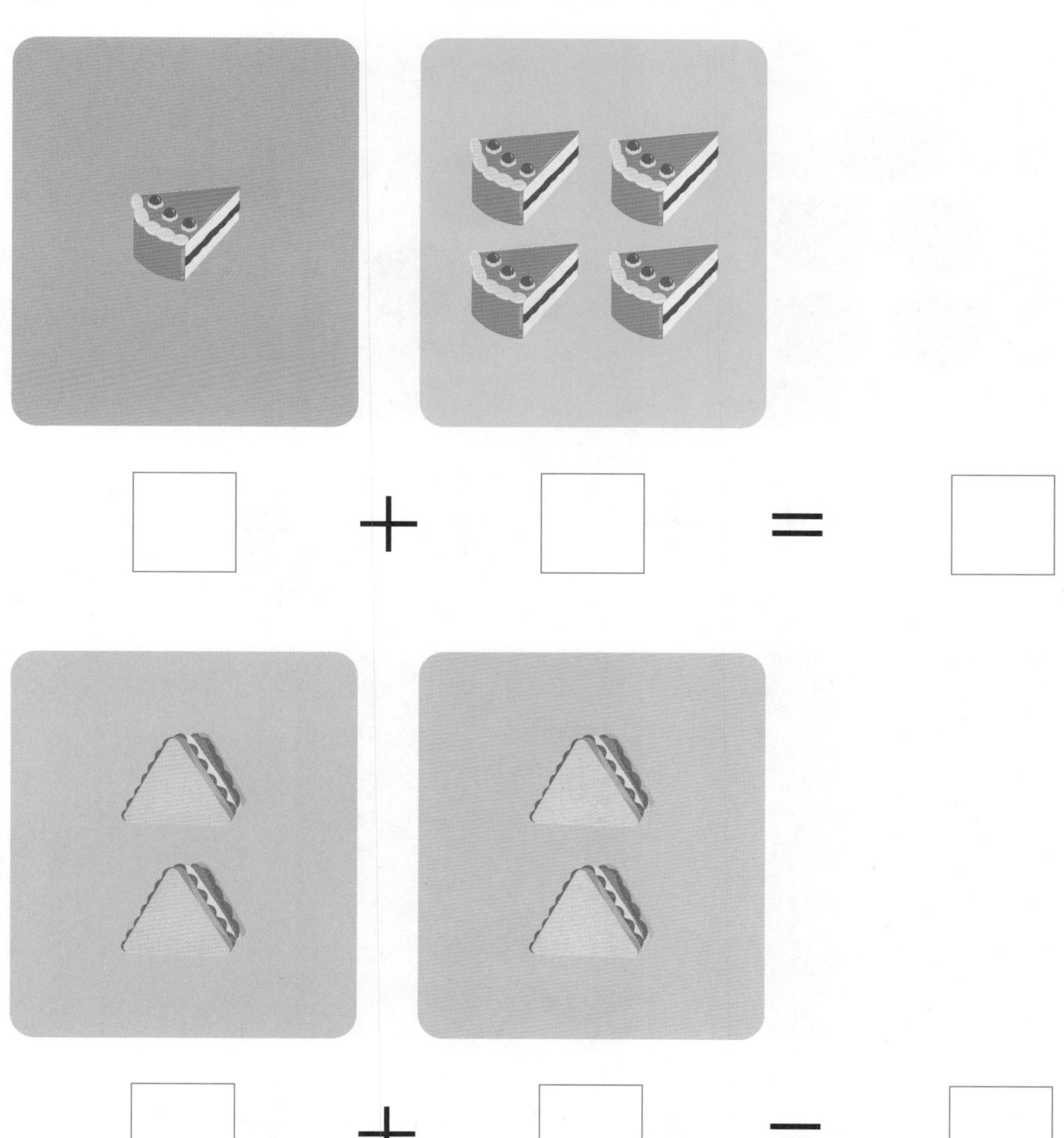

□ + □ = □

□ + □ = □

그림을 보고 □ 안에 각각 알맞은 수를 써 보세요.

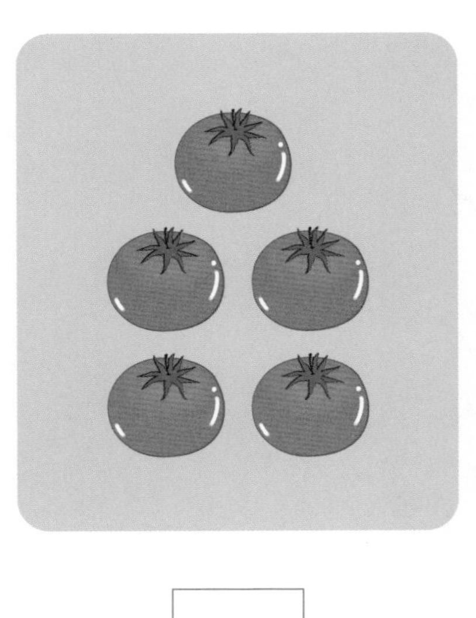

□ + □ = □

□ + □ = □

이름 :

날짜 :

확인

그림을 보고 □ 안에 알맞은 수를 써 보세요.

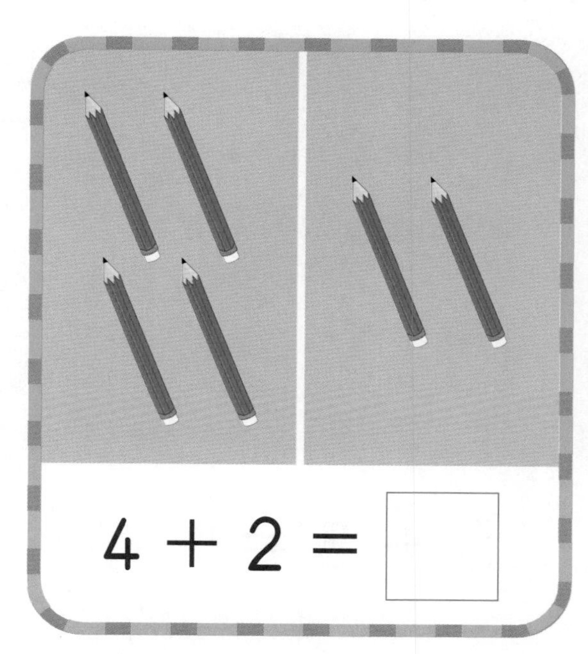

$4 + 2 = \square$

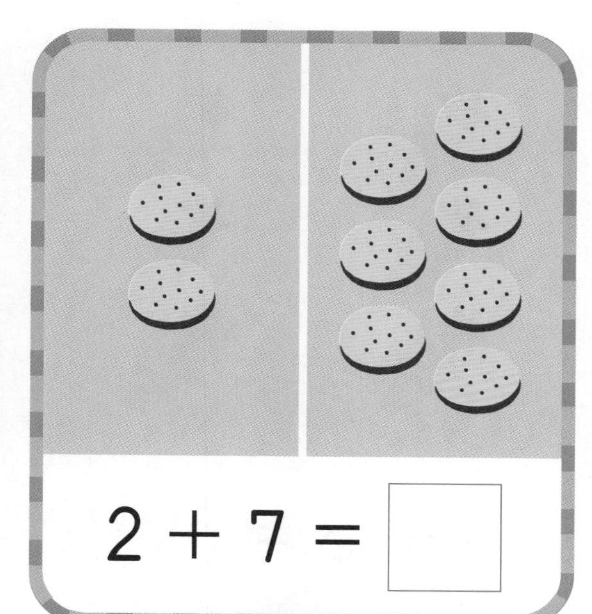

$2 + 7 = \square$

$1 + 3 = \square$

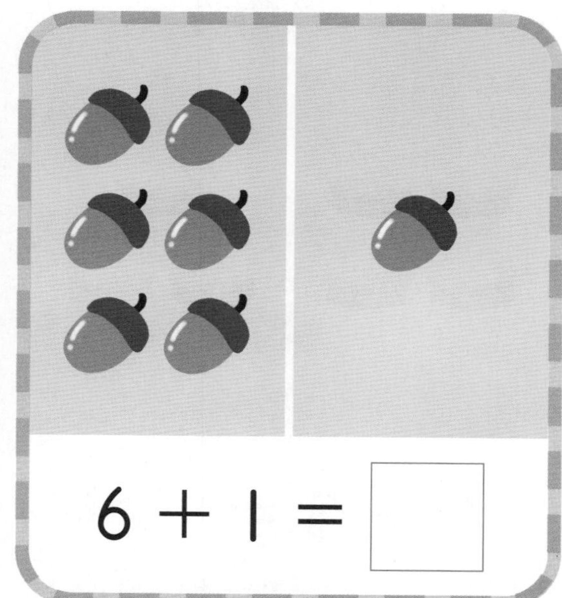

$6 + 1 = \square$

그림을 보고 □ 안에 알맞은 수를 써 보세요.

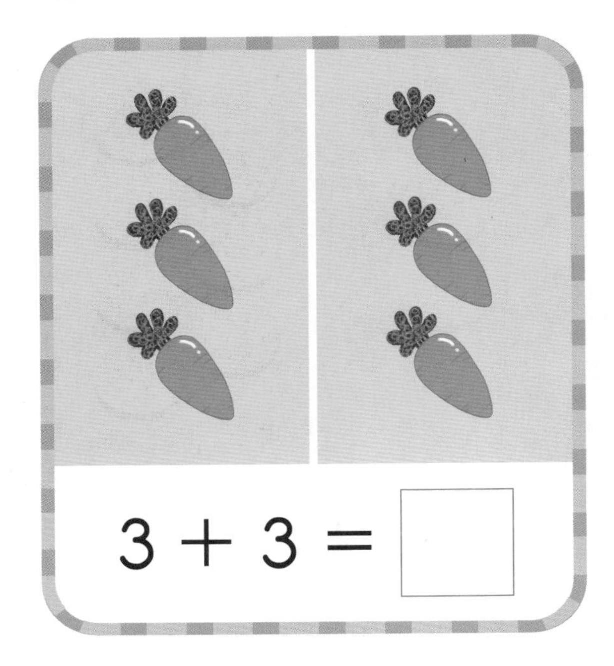

$3 + 3 = \square$

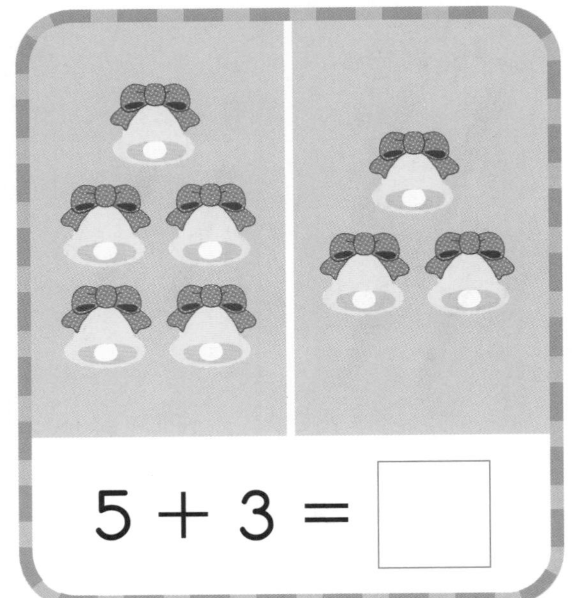

$5 + 3 = \square$

$4 + 3 = \square$

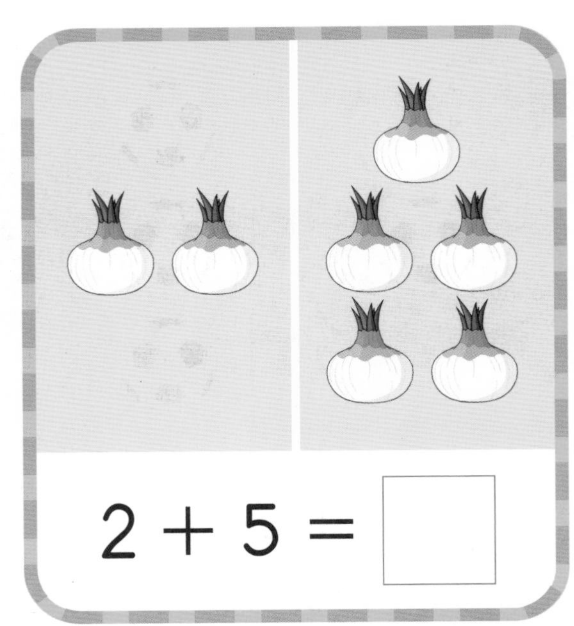

$2 + 5 = \square$

이름 :

날짜 :

확인

그림을 보고 □ 안에 알맞은 수를 써 보세요.

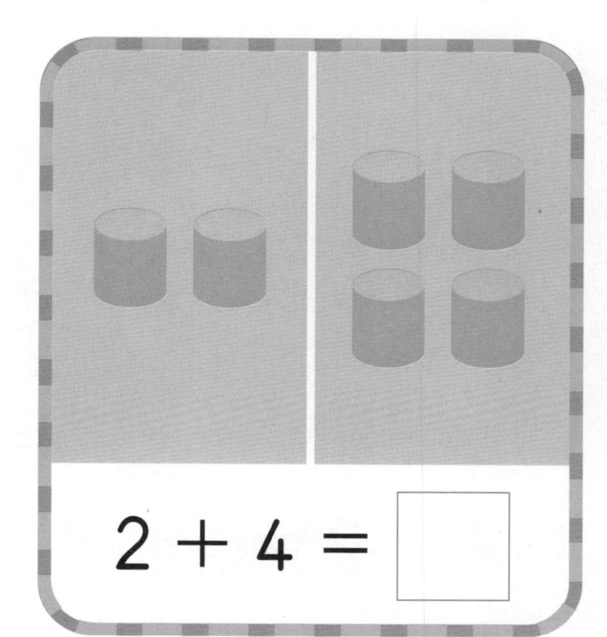

$2 + 4 = \square$

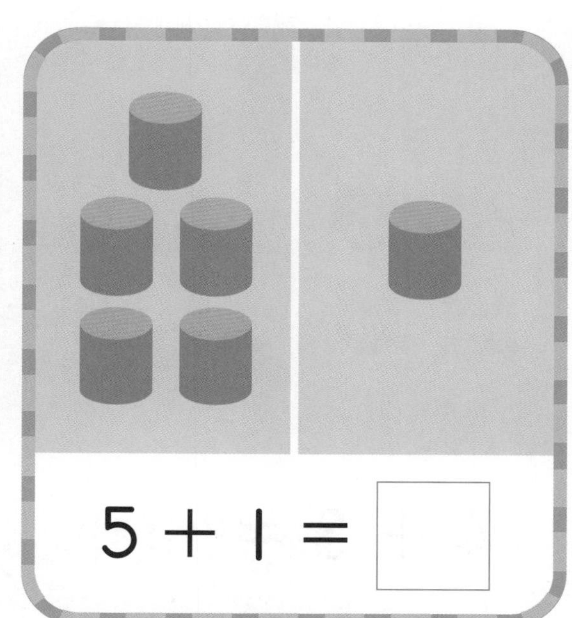

$5 + 1 = \square$

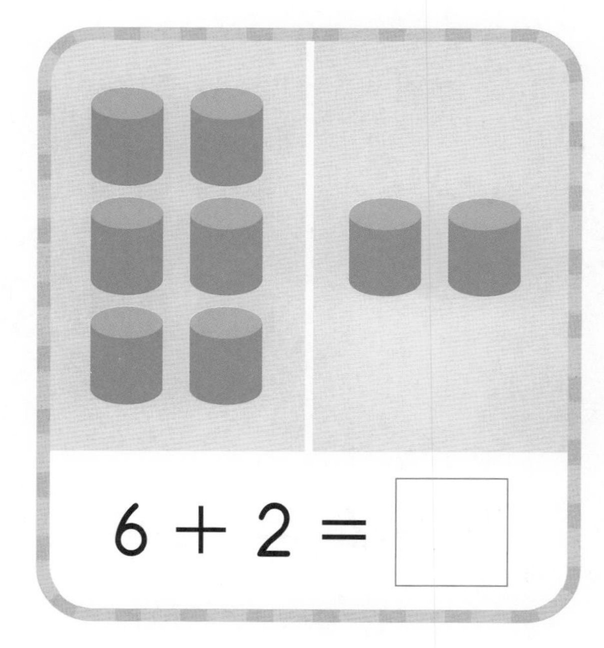

$6 + 2 = \square$

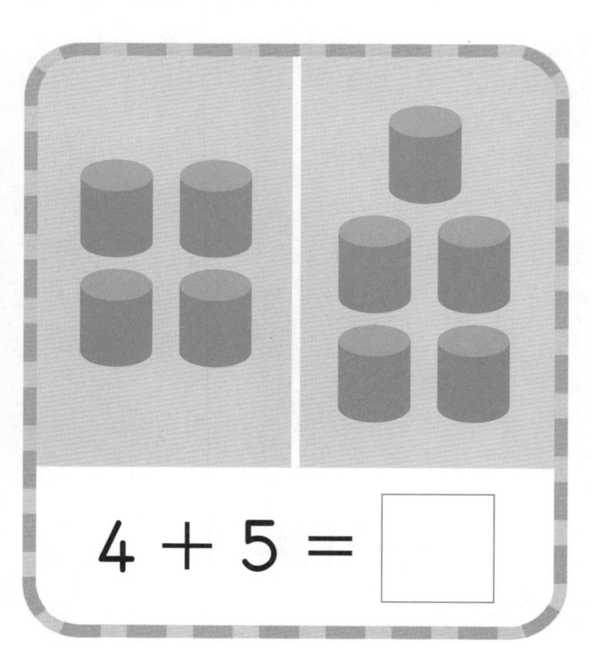

$4 + 5 = \square$

그림을 보고 □ 안에 알맞은 수를 써 보세요.

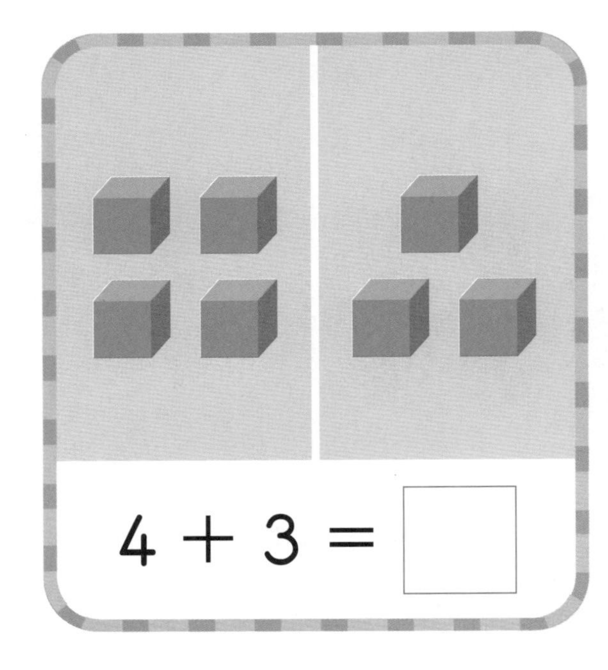

$4 + 3 = \square$

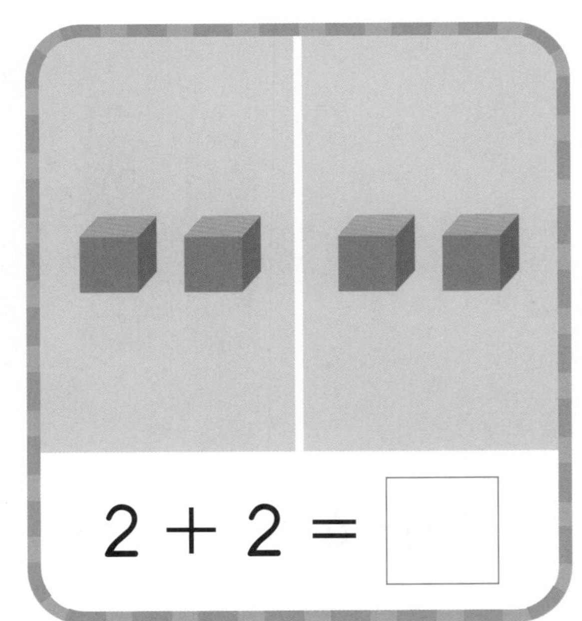

$2 + 2 = \square$

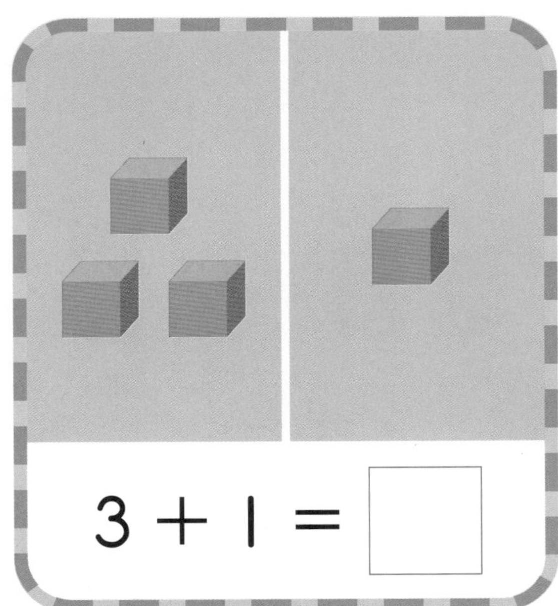

$3 + 1 = \square$

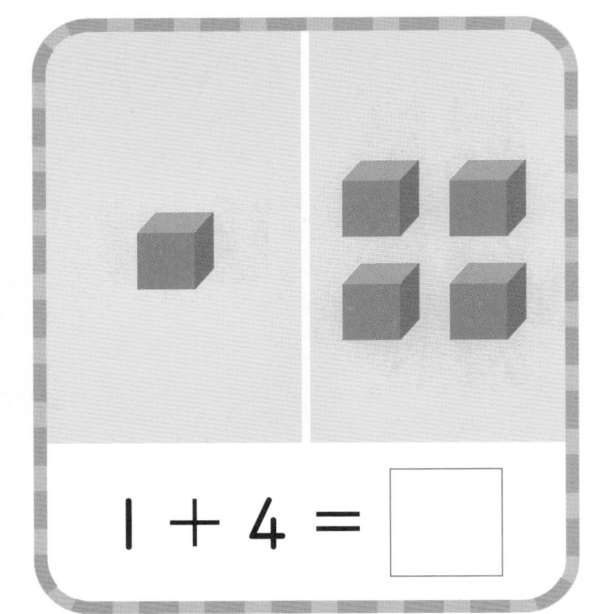

$1 + 4 = \square$

이름 :

날짜 :

확인

보기 와 같이 두 그림의 합을 나타내는 식을 빈 곳에 써 보세요.

보기

4 + 2 = 6

+

+

두 그림의 합을 나타내는 식을 빈 곳에 써 보세요.

이름 :

날짜 :

확인

◯ 안에 알맞은 수를 써 보세요.

$1 + 2 = \bigcirc$

$3 + 2 = \bigcirc$

$4 + 1 = \bigcirc$

$6 + 3 = \bigcirc$

$3 + 3 = \bigcirc$

$2 + 5 = \bigcirc$

$1 + 7 = \bigcirc$

$4 + 4 = \bigcirc$

$1 + 1 = \bigcirc$

$8 + 1 = \bigcirc$

○ 안에 알맞은 수를 써 보세요.

$5 + 3 = \bigcirc$

$3 + 1 = \bigcirc$

$1 + 4 = \bigcirc$

$2 + 2 = \bigcirc$

$2 + 6 = \bigcirc$

$3 + 6 = \bigcirc$

$4 + 2 = \bigcirc$

$5 + 4 = \bigcirc$

$2 + 7 = \bigcirc$

$4 + 3 = \bigcirc$

이름 :

날짜 :

확인

[세로로 더해 보기]

그림을 보고 □ 안에 각각 알맞은 수를 써 보세요.

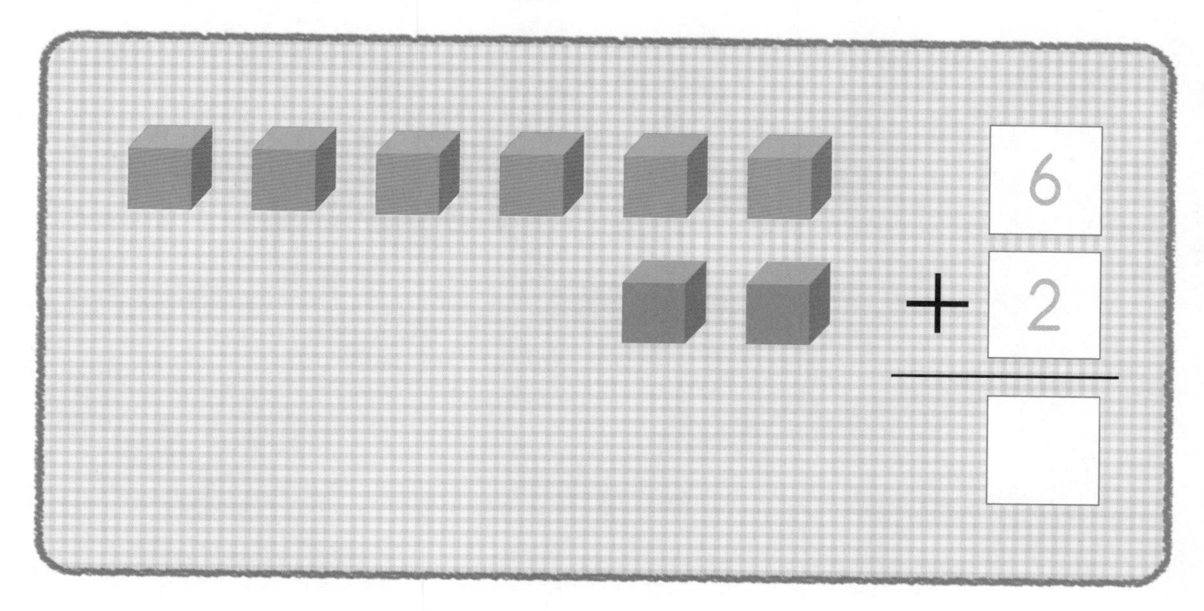

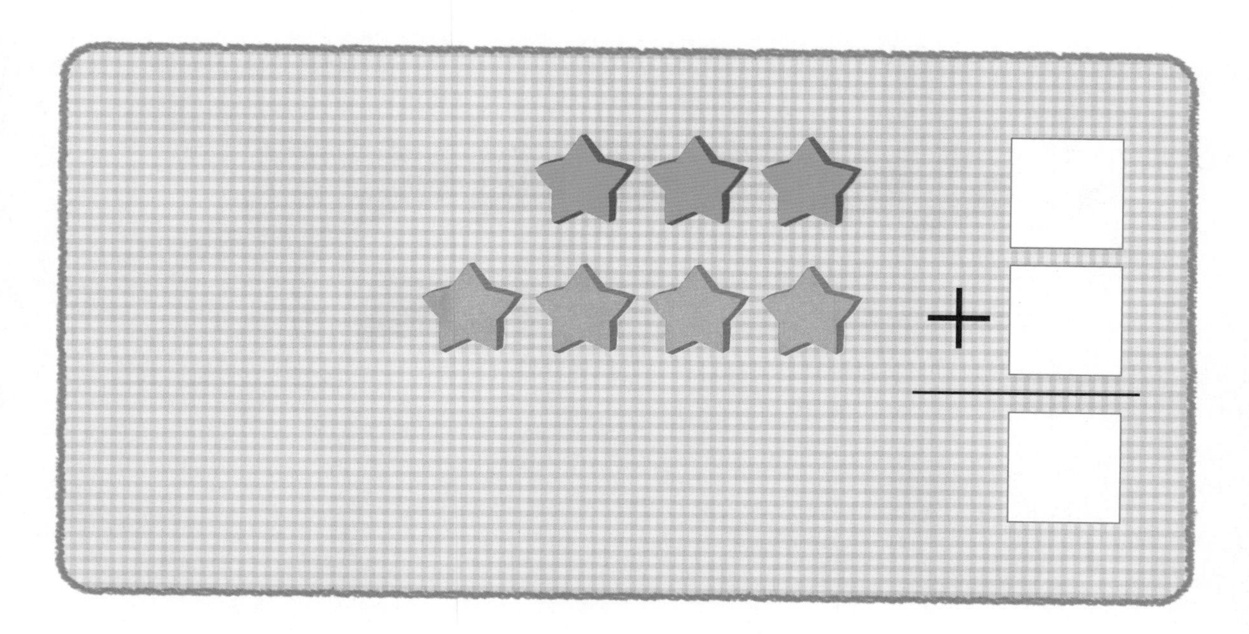

그림을 보고 □ 안에 각각 알맞은 수를 써 보세요.

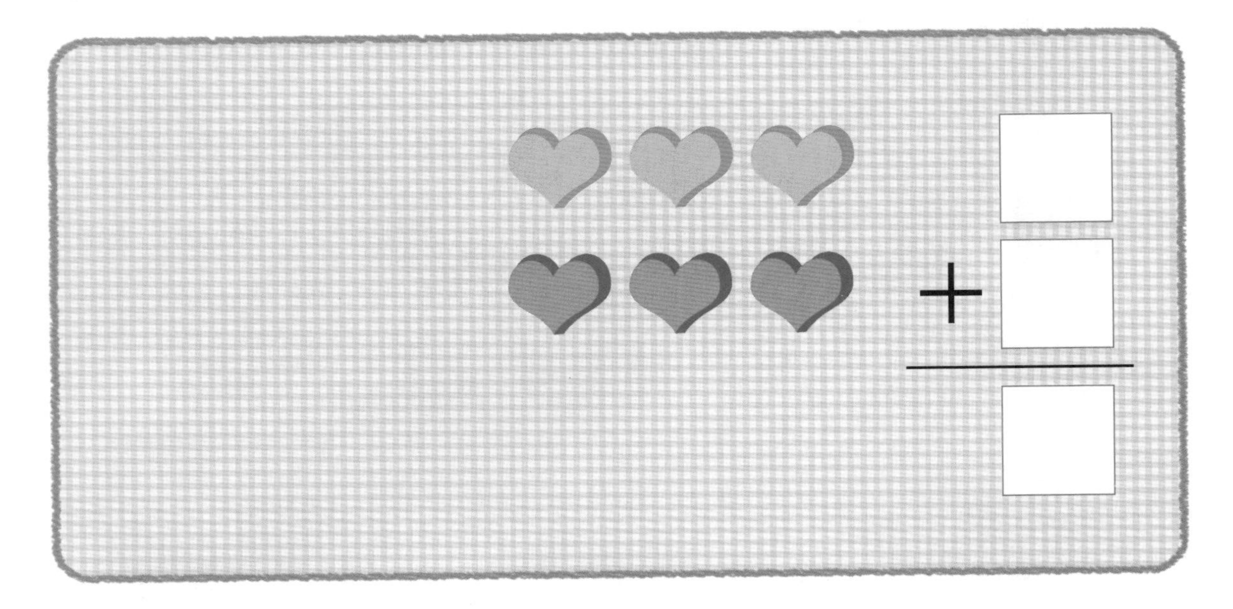

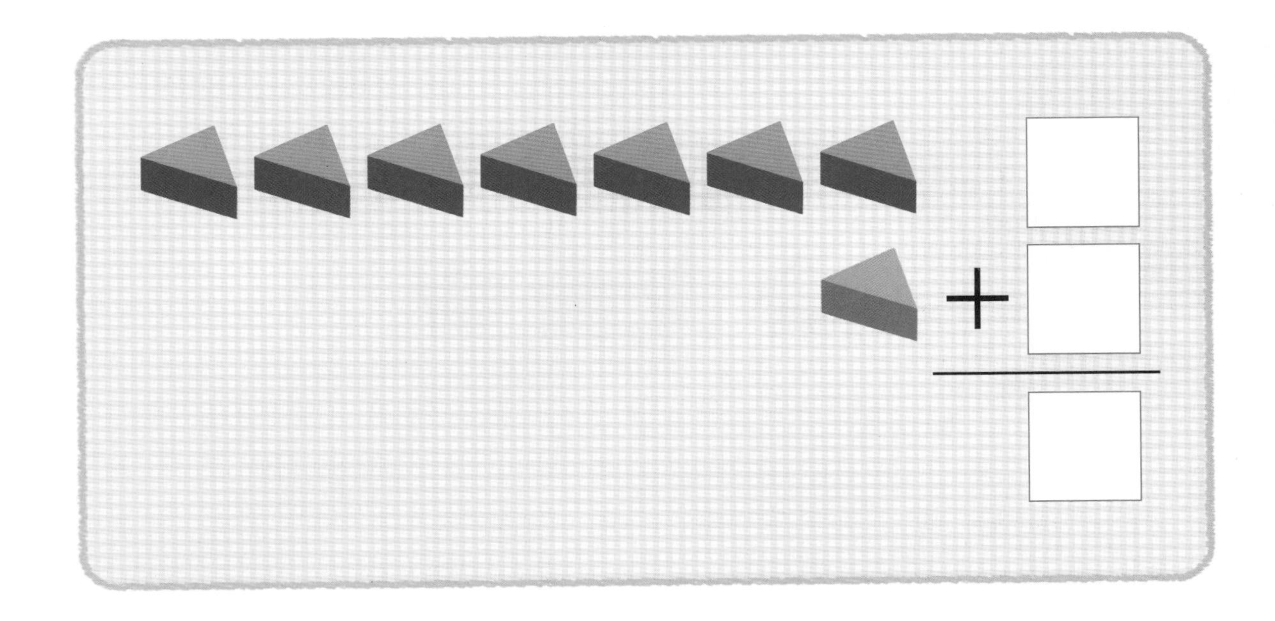

이름 :

날짜 :

확인

□ 안에 알맞은 수를 써 보세요.

$$\begin{array}{r} 3 \\ +\ 5 \\ \hline \square \end{array}$$

$$\begin{array}{r} 2 \\ +\ 4 \\ \hline \square \end{array}$$

$$\begin{array}{r} 1 \\ +\ 3 \\ \hline \square \end{array}$$

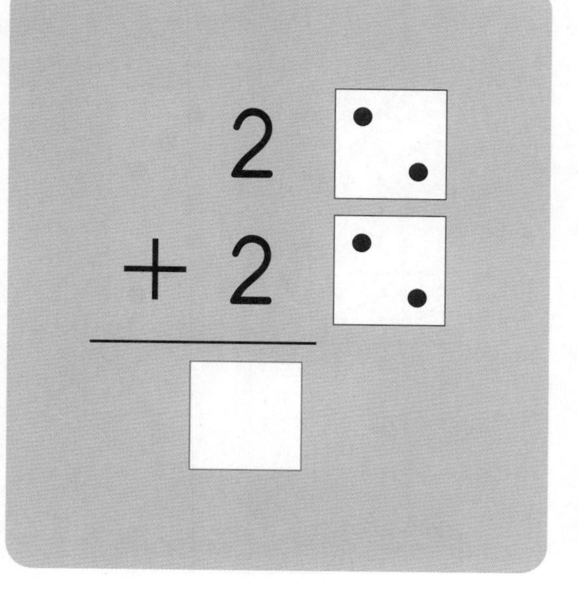

□ 안에 알맞은 수를 써 보세요.

$$\begin{array}{r} 3 \\ +\ 5 \\ \hline \square \end{array}$$

$$\begin{array}{r} 3 \\ +\ 3 \\ \hline \square \end{array}$$

이름 :

날짜 :

확인

□ 안에 알맞은 수를 써 보세요.

$$\begin{array}{r} 2 \\ +\ 6 \\ \hline \square \end{array}$$

$$\begin{array}{r} 5 \\ +\ 1 \\ \hline \square \end{array}$$

$$\begin{array}{r} 3 \\ +\ 3 \\ \hline \square \end{array}$$

$$\begin{array}{r} 8 \\ +\ 1 \\ \hline \square \end{array}$$

$$\begin{array}{r} 3 \\ +\ 4 \\ \hline \square \end{array}$$

$$\begin{array}{r} 1 \\ +\ 2 \\ \hline \square \end{array}$$

□ 안에 알맞은 수를 써 보세요.

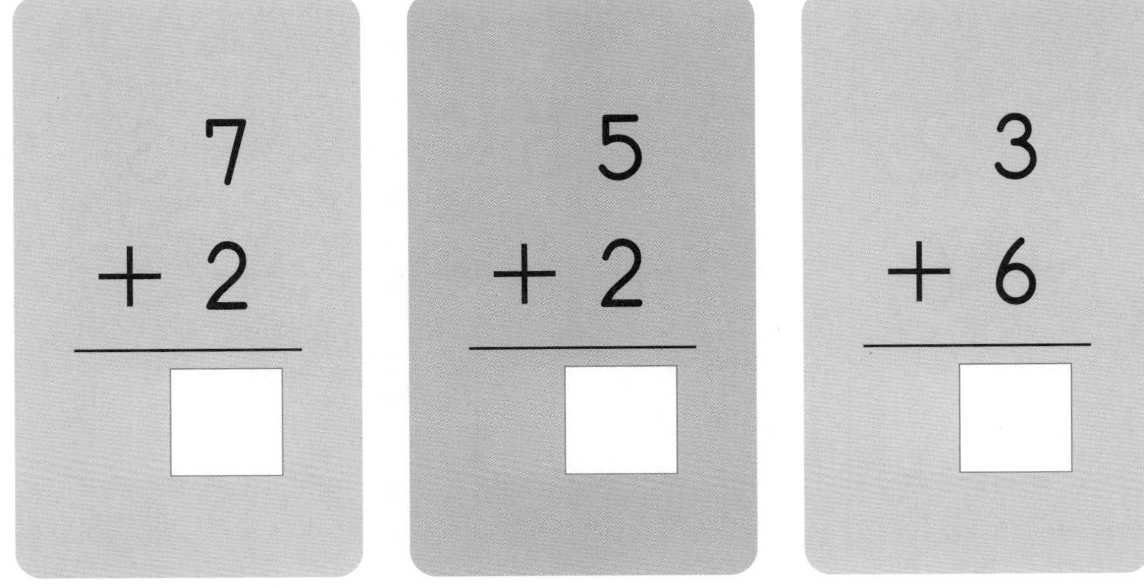

$$\begin{array}{r} 2 \\ +\ 5 \\ \hline \square \end{array} \qquad \begin{array}{r} 4 \\ +\ 3 \\ \hline \square \end{array} \qquad \begin{array}{r} 1 \\ +\ 4 \\ \hline \square \end{array}$$

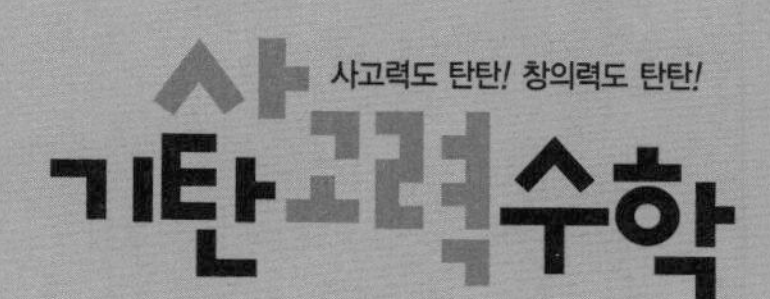

C2

C91a ~ C105b

학습 내용

빼 보기	• 빼 보기 • 세로로 빼 보기

이번 주는?

• 학습 방법 : ① 매일매일 ② 가끔 ③ 한꺼번에 하였습니다.

• 학습 태도 : ① 스스로 잘 ② 시켜서 억지로 하였습니다.

• 학습 흥미 : ① 재미있게 ② 싫증 내며 하였습니다.

• 교재 내용 : ① 적합하다고 ② 어렵다고 ③ 쉽다고 하였습니다.

지도 교사가 부모님께

부모님이 지도 교사께

평가 Ⓐ 아주 잘함 Ⓑ 잘함 Ⓒ 보통 Ⓓ 부족함

원(교) 반 이름 전화

기초부터 탄탄하게 기탄교육

이렇게 도와주세요!

어린이들은 일상생활 속에서 종종 더하거나 빼기가 요구되는 상황에 부딪히게 됩니다. 예를 들어 어머니가 사 온 과일을 동생에게 2개를 주면 남는 과일의 수가 몇 개인가를 알아보고자 하는 상황을 접하게 되었을 때 어린이는 빼기의 필요성을 느끼게 됩니다.

이번 빼 보기 활동에서는 한 자리 수끼리의 빼 보기 활동을 경험하도록 하고 있습니다.

빼 보기 활동에서 '5−3=2' 와 같이 수식을 사용한 형식적인 문제에 치우치지 말고 빼 보기의 개념을 이해할 수 있는 활동으로 진행될 수 있도록 이끌어 주는 것이 좋습니다.

지도 내용

한 자리 수끼리의 빼 보기를 할 수 있도록 합니다.

지도 요점

- '거꾸로 수 세기 전략' 을 사용하여 지도해 볼 수 있습니다.
- '남아 있는 것은 몇 개인가?' 와 같은 활동에서는 단순히 남아 있는 물건의 수량을 헤아려서 답을 구하는 것보다 '처음 개수에서 없어진 것이 몇 개이고 그래서 현재 몇 개가 남았는가?' 와 같이 생각해 보게 합니다.

이름 :

날짜 :

확인

[빼 보기]

그림을 보고 □ 안에 알맞은 수를 써 보세요.

사과가 몇 개 열렸나요?

□ 개

기린이 사과를 몇 개 먹었나요?

□ 개

사과가 몇 개 남았나요?

□ 개

그림을 보고 □ 안에 알맞은 수를 써 보세요.

비둘기가 몇 마리 앉아 있나요?

마리

비둘기가 몇 마리 날아갔나요?

마리

비둘기가 몇 마리 남았나요?

마리

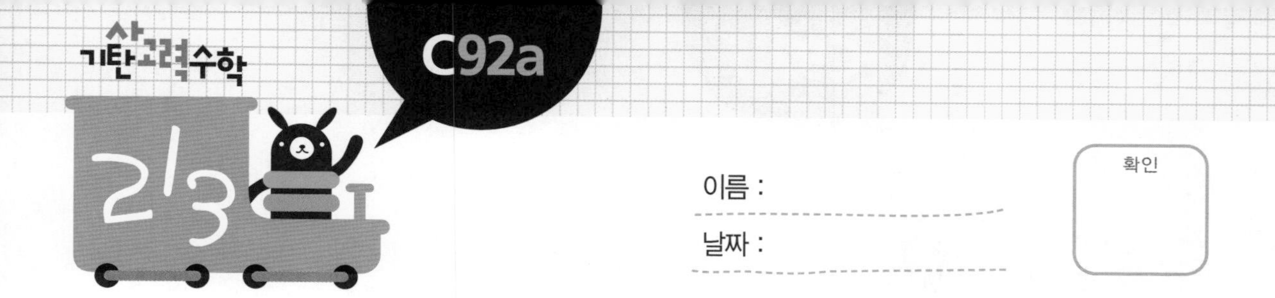

그림을 보고 ◯ 안에 알맞은 수를 써 보세요.

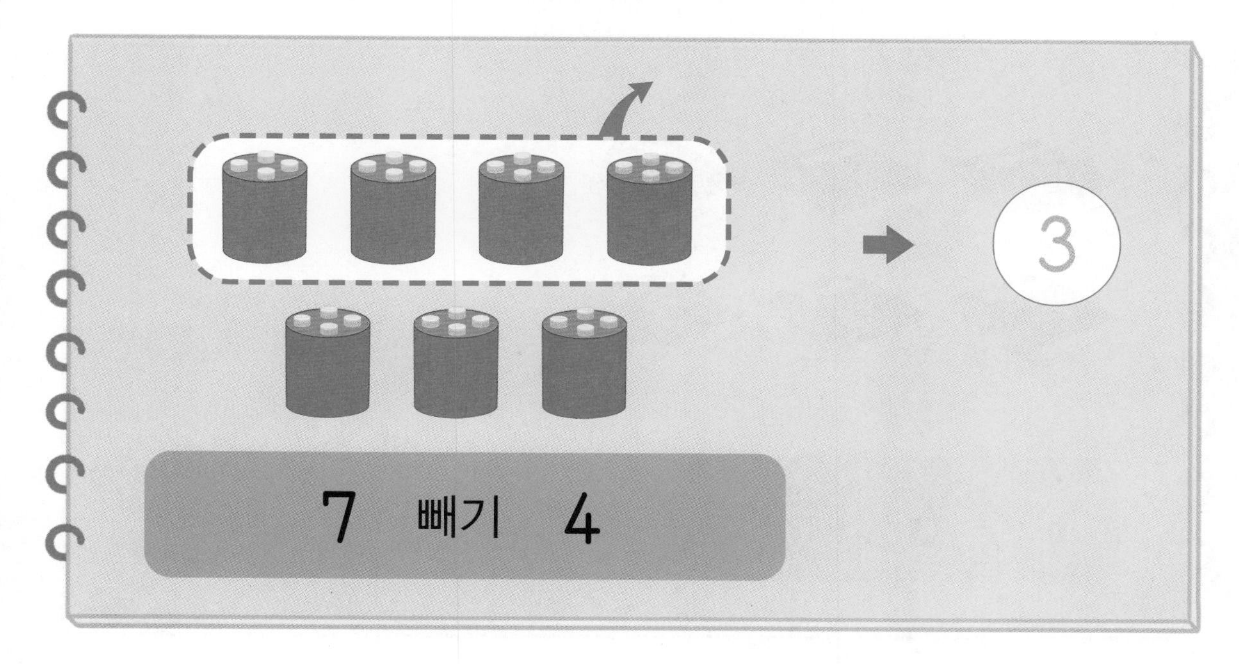

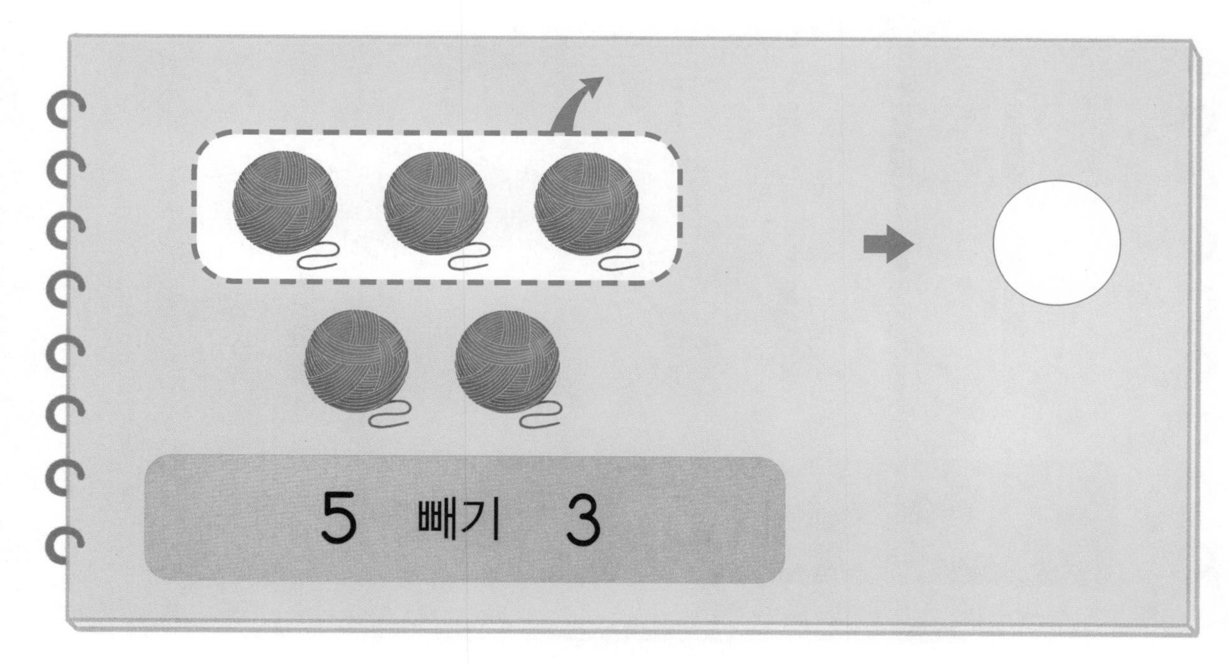

그림을 보고 ◯ 안에 알맞은 수를 써 보세요.

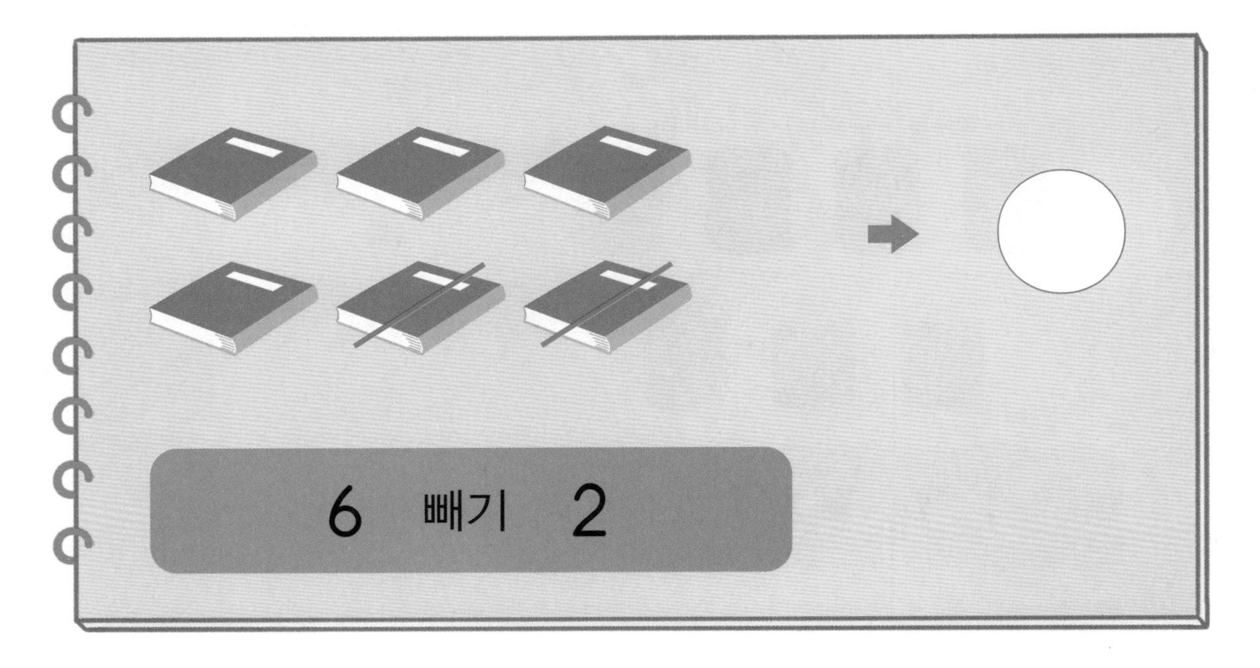

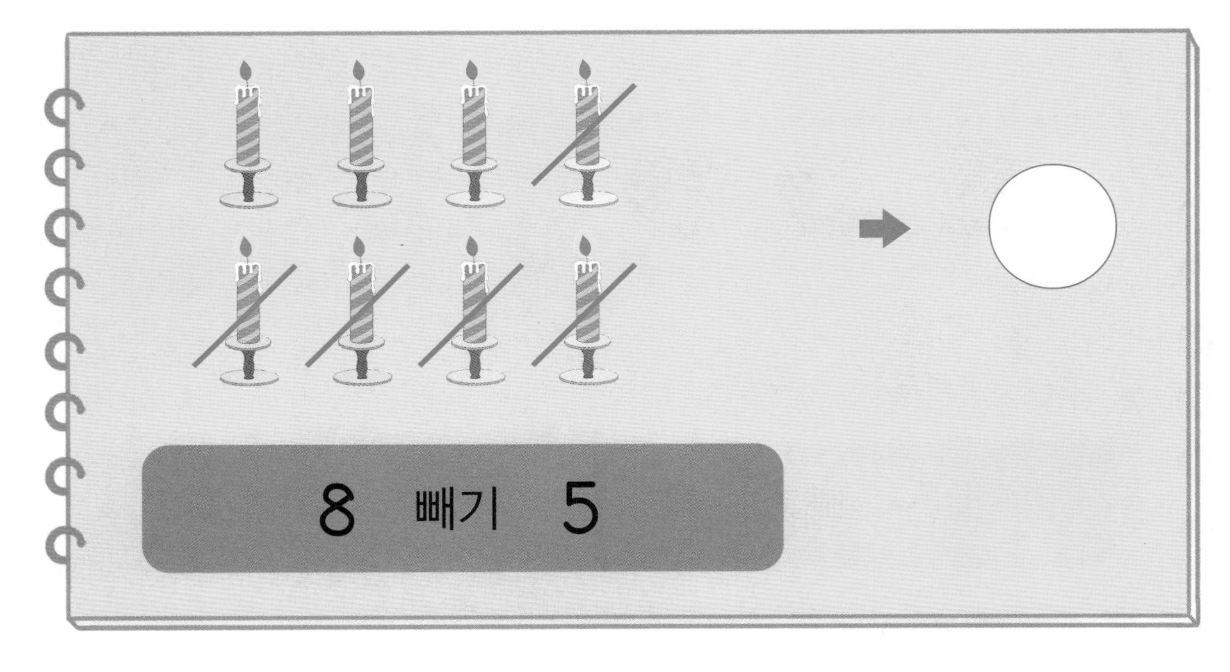

이름 :

날짜 :

확인

그림을 보고 ◯ 안에 알맞은 기호를 써 보세요.

4 ◯ 3 = 1

4 빼기 3 은 1 입니다.

8 ◯ 2 = 6

8 빼기 2 는 6 입니다.

그림을 보고 ◯ 안에 각각 알맞은 기호를 써 보세요.

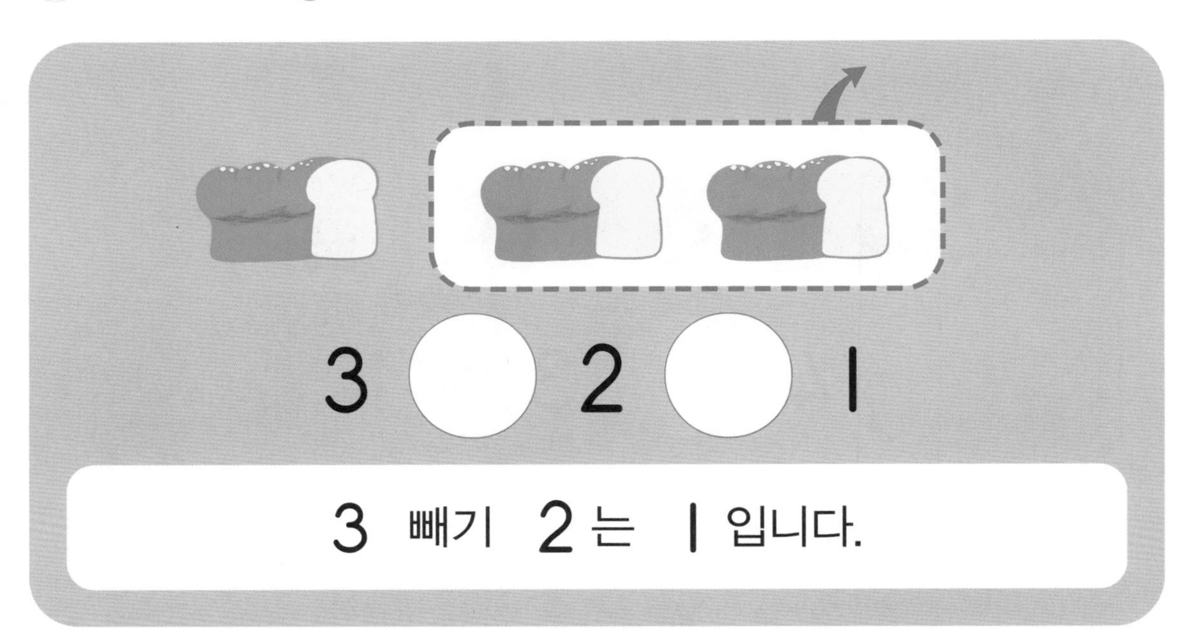

3 ◯ 2 ◯ 1

3 빼기 2 는 1 입니다.

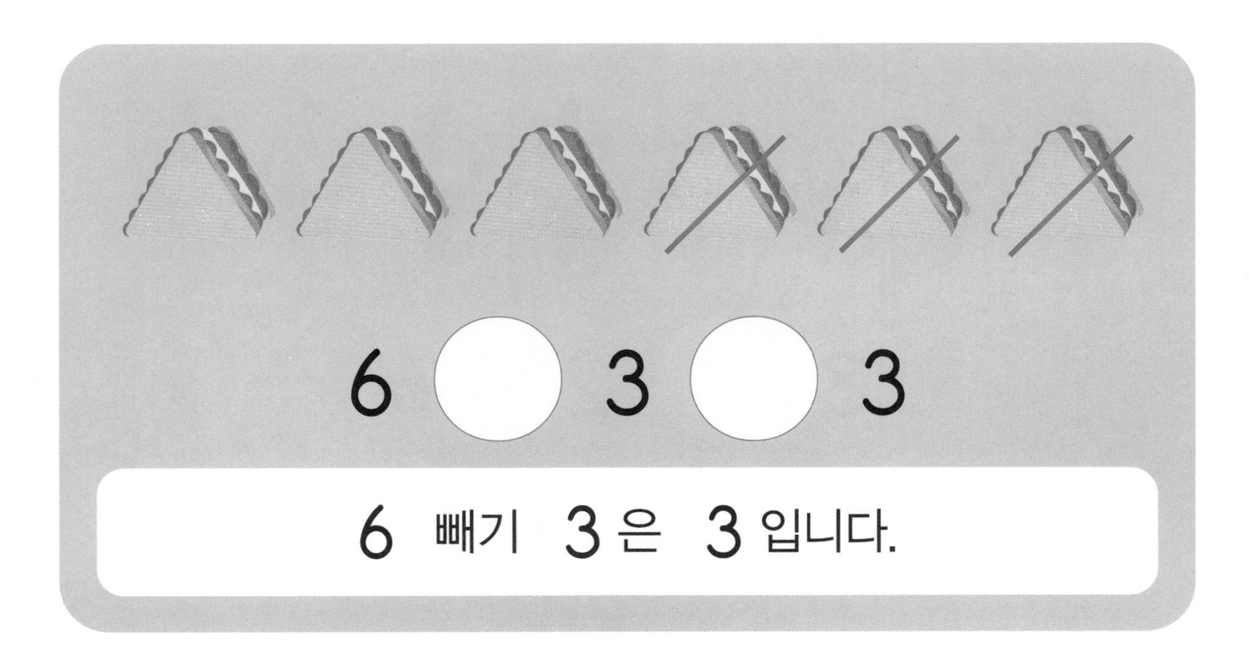

6 ◯ 3 ◯ 3

6 빼기 3 은 3 입니다.

이름 :

날짜 :

확인

그림을 보고 빼기를 하여 □ 안에 각각 알맞은 수를 써 보세요.

3 빼기 □ 은 □ 입니다.

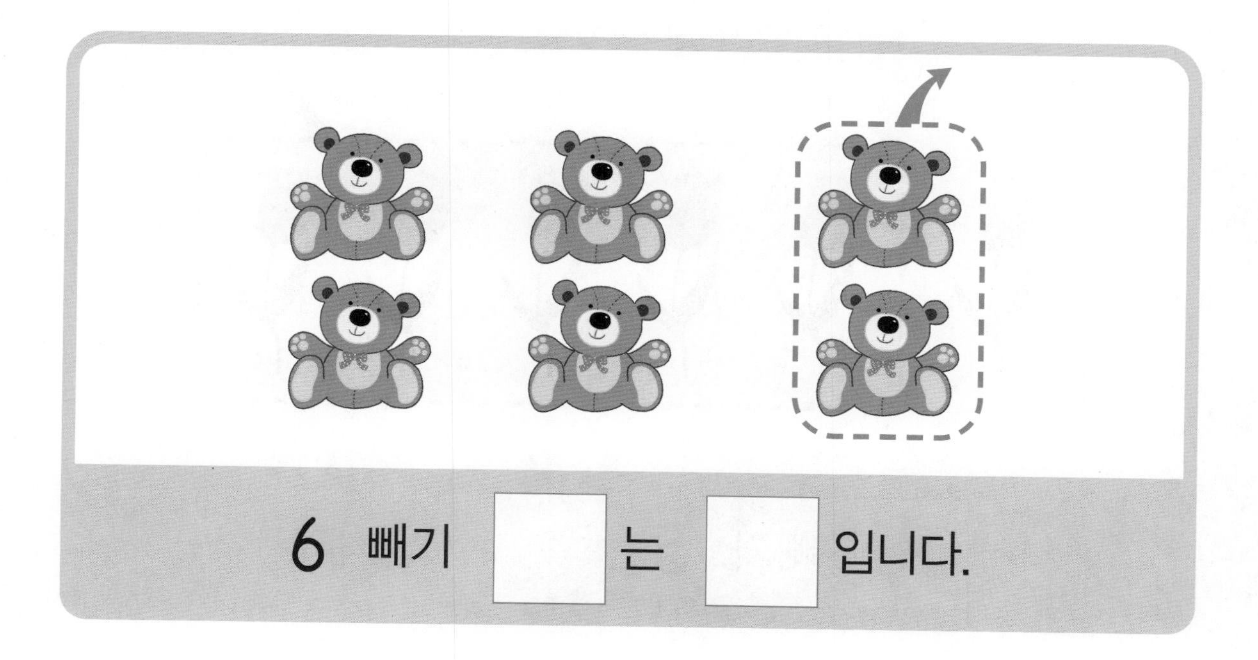

6 빼기 □ 는 □ 입니다.

그림을 보고 빼기를 하여 □ 안에 각각 알맞은 수를 써 보세요.

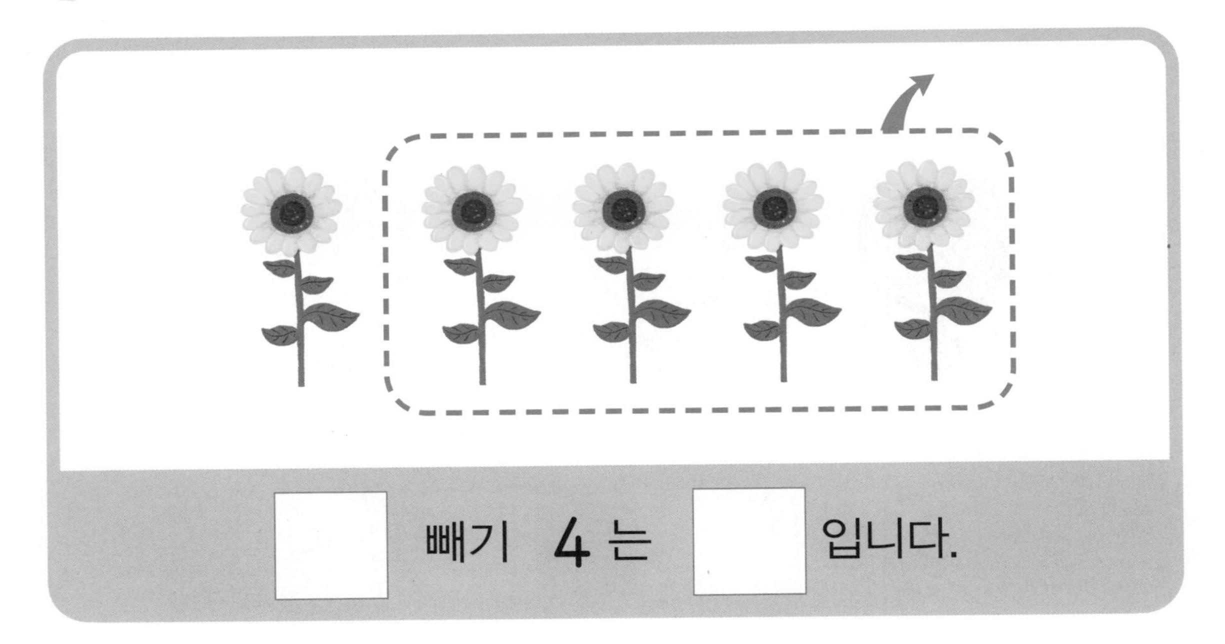

□ 빼기 4 는 □ 입니다.

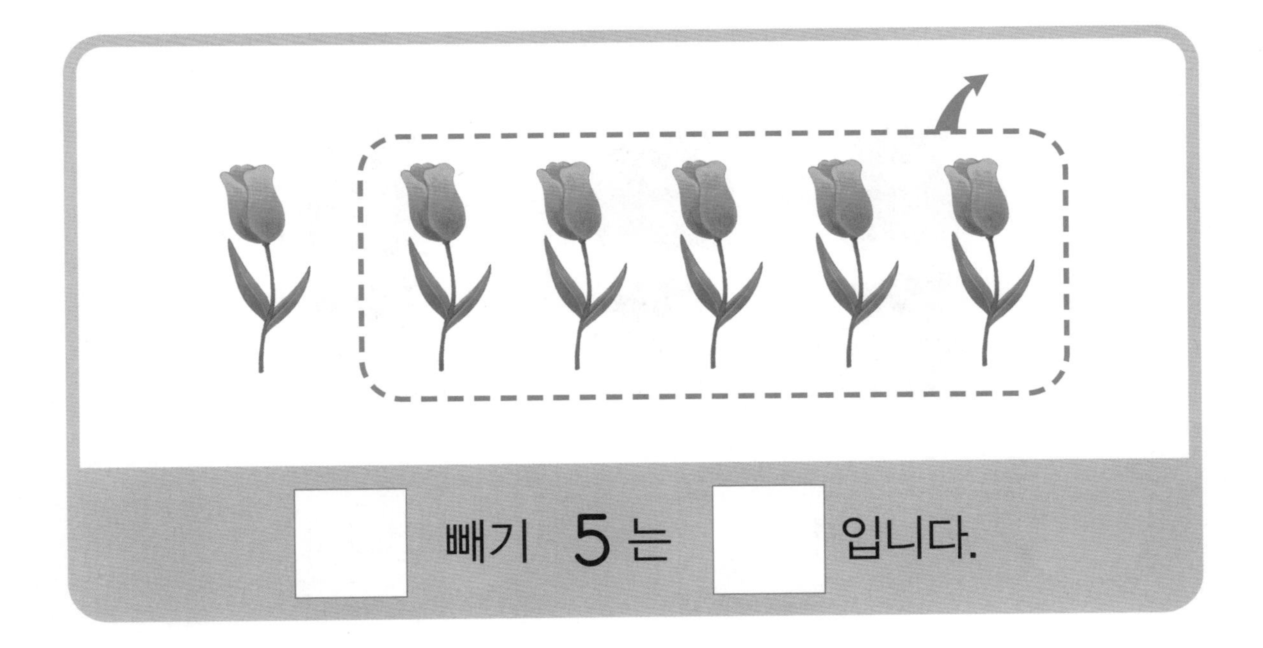

□ 빼기 5 는 □ 입니다.

이름 :

날짜 :

확인

그림을 보고 빼기를 하여 □ 안에 각각 알맞은 수를 써 보세요.

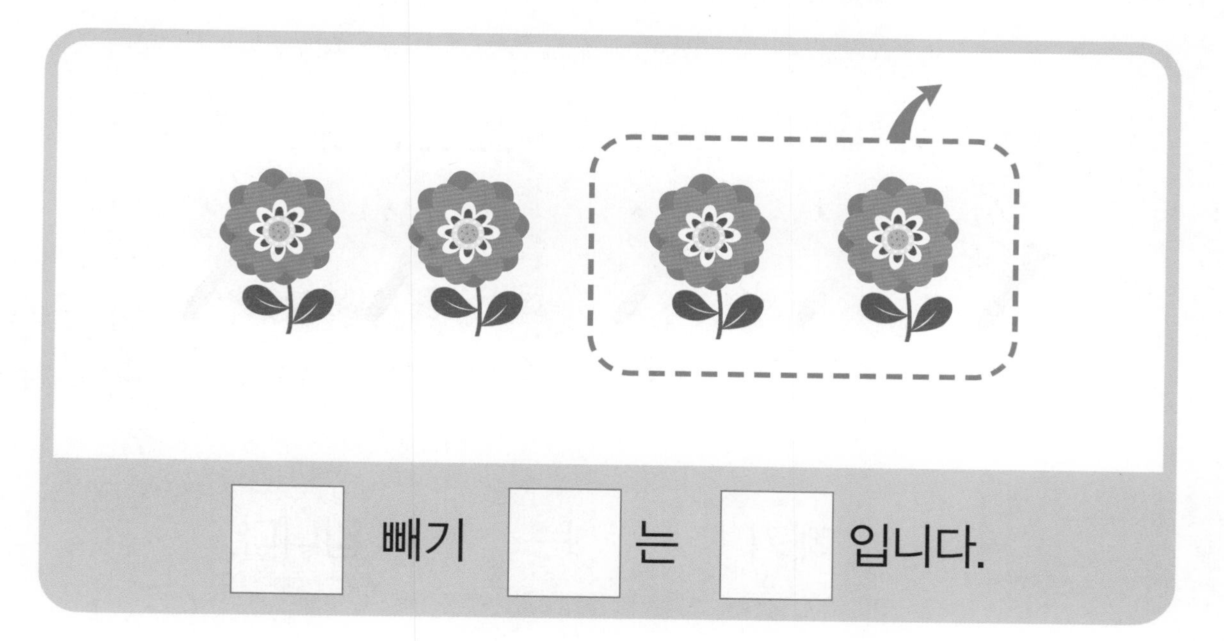

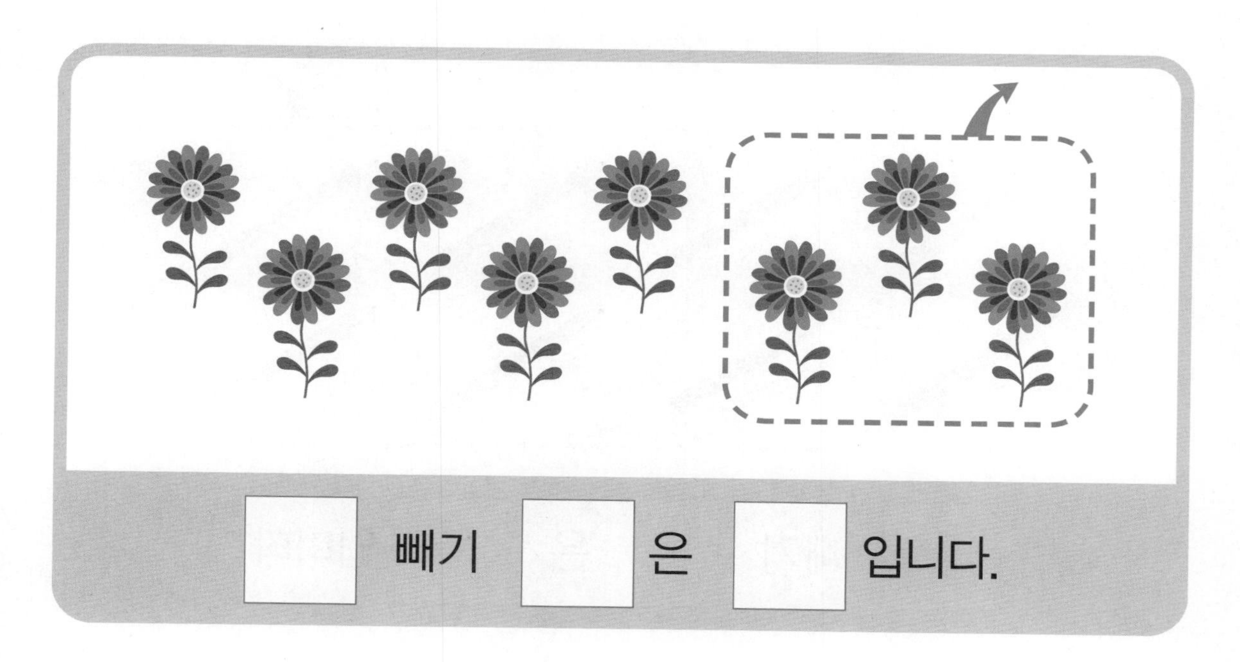

그림을 보고 빼기를 하여 □ 안에 각각 알맞은 수를 써 보세요.

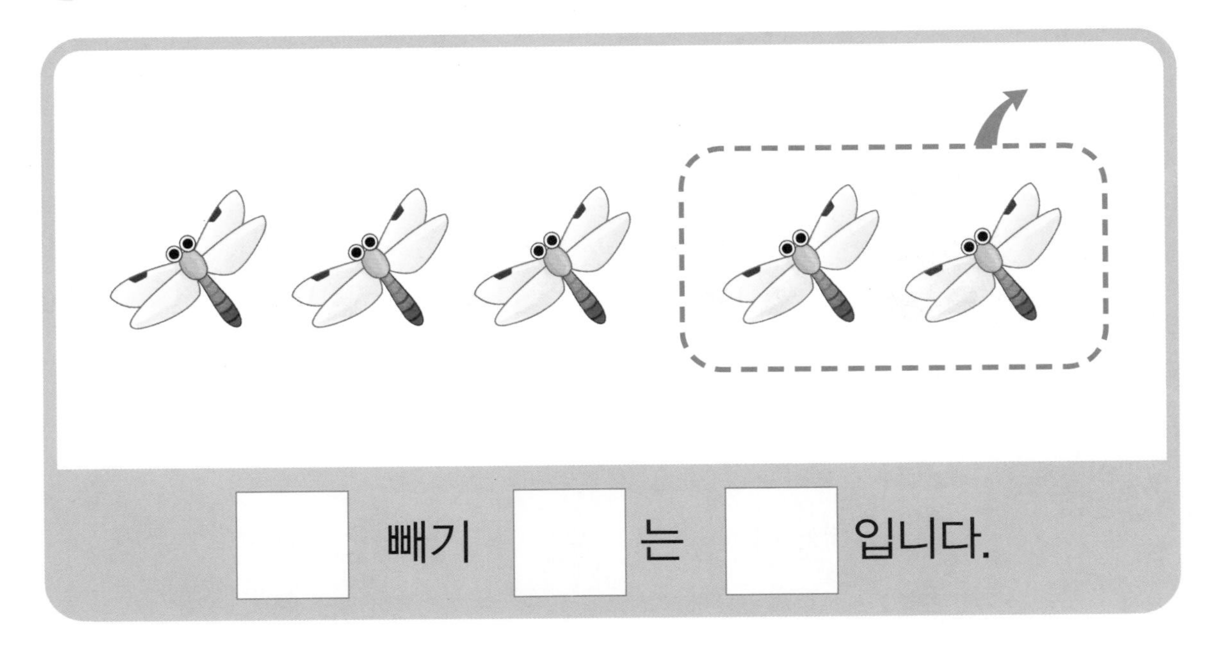

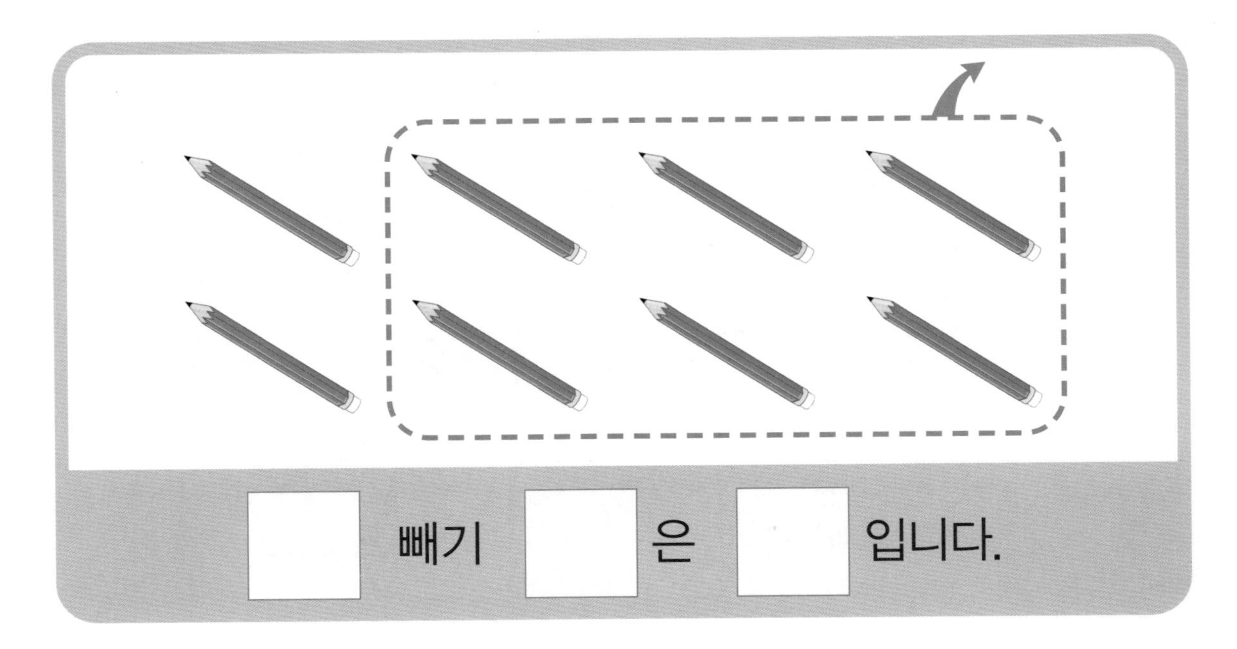

이름 :

날짜 :

확인

그림을 보고 빼기를 하여 □ 안에 알맞은 수를 써 보세요.

$8 - 5 = \square$

$4 - 2 = \square$

그림을 보고 빼기를 하여 □ 안에 알맞은 수를 써 보세요.

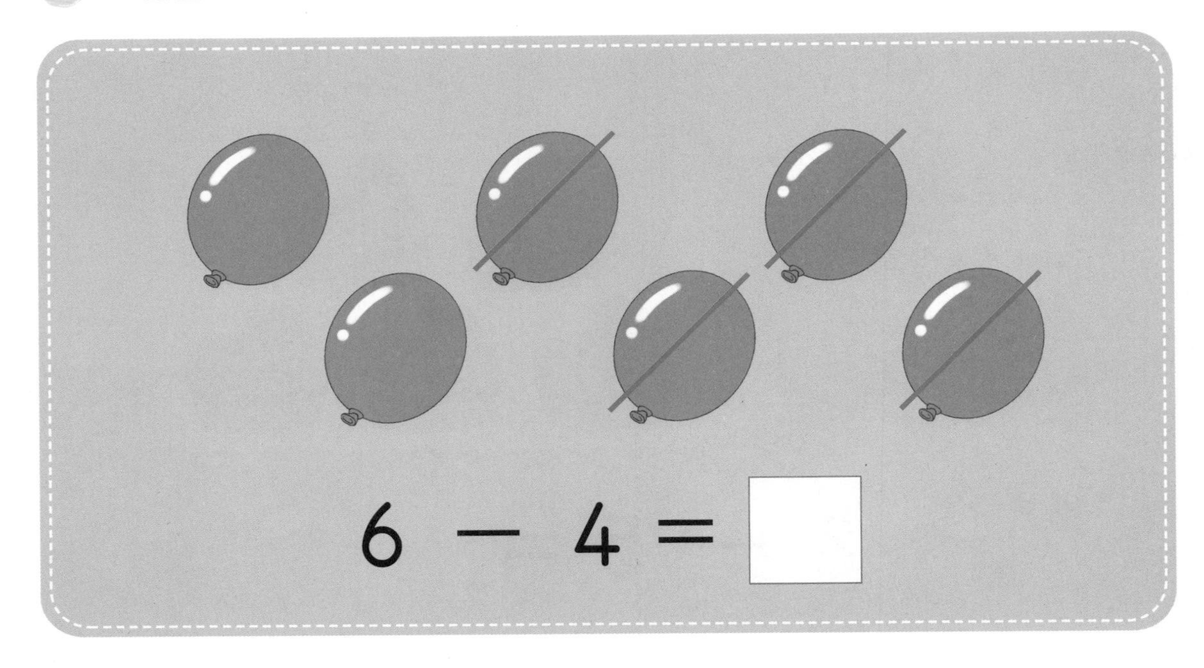

$6 - 4 = \square$

$9 - 5 = \square$

이름 :

날짜 :

확인

그림을 보고 빼기를 하여 □ 안에 각각 알맞은 수를 써 보세요.

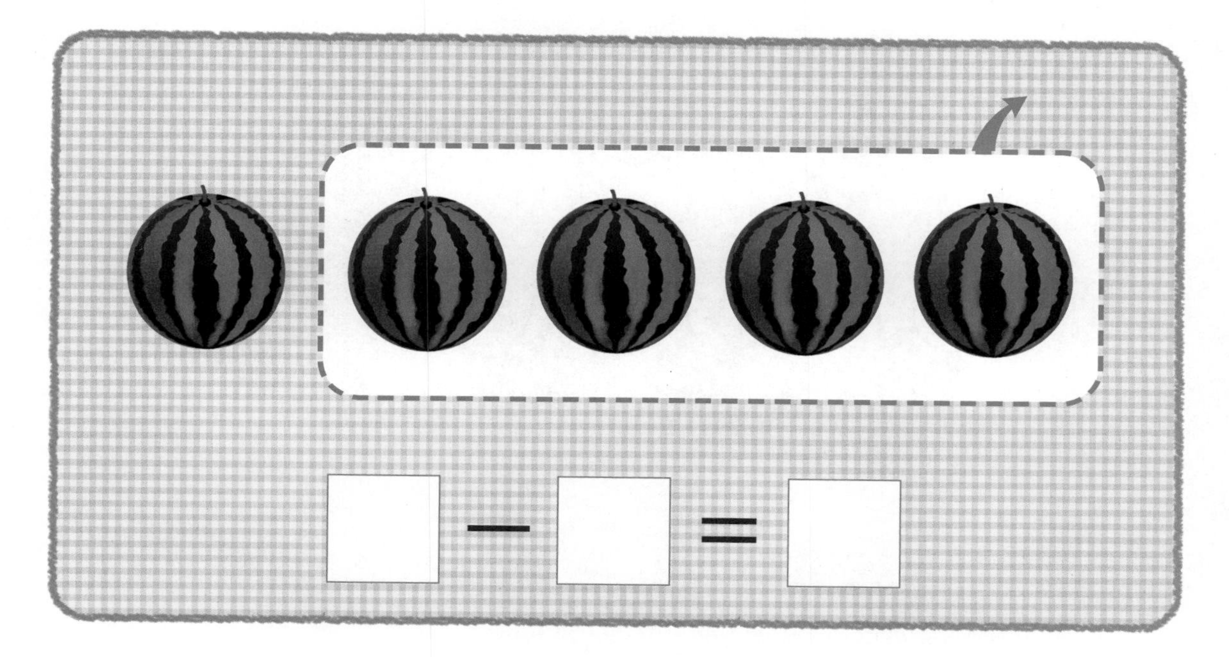

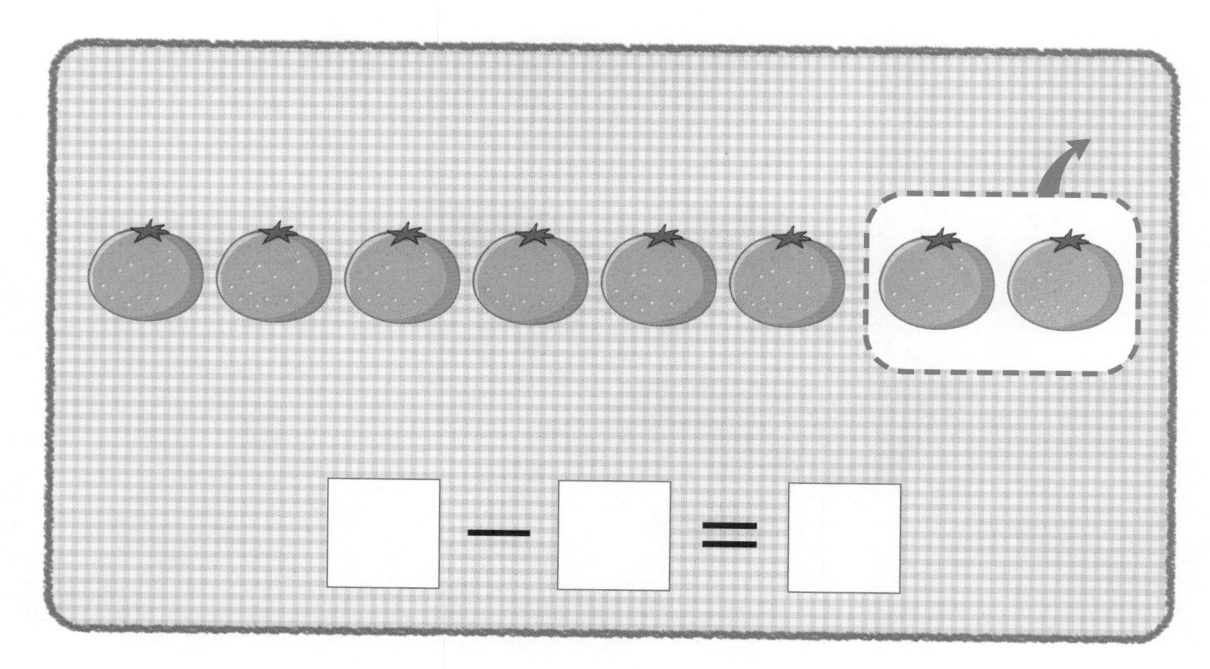

그림을 보고 빼기를 하여 □ 안에 각각 알맞은 수를 써 보세요.

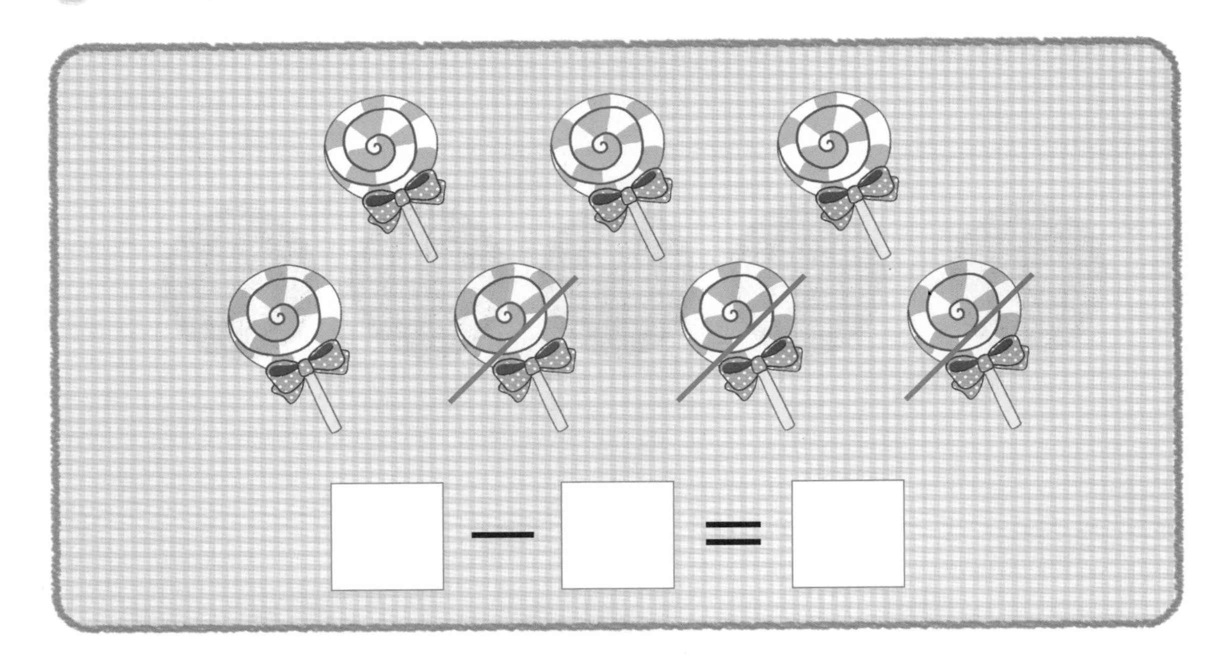

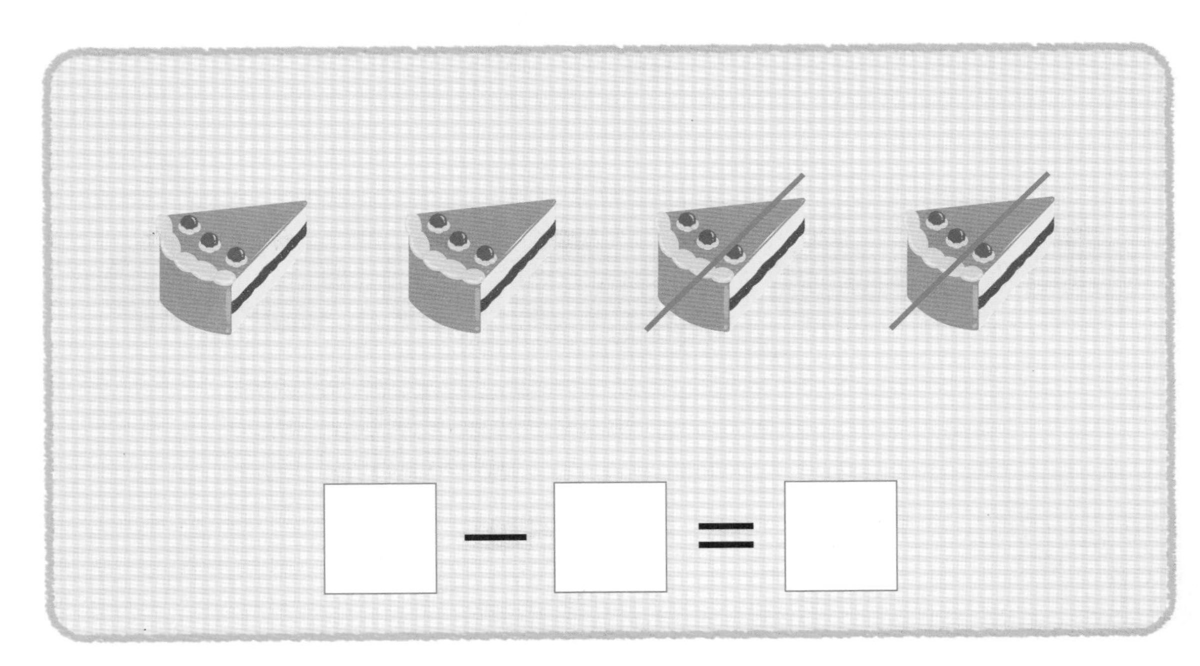

이름 :

날짜 :

확인

빼는 수만큼 /로 지워서 빼기를 해 보고 □ 안에 알맞은 수를 써 보세요.

$3 - 1 = \square$

$9 - 5 = \square$

$4 - 3 = \square$

$6 - 2 = \square$

빼는 수만큼 /로 지워서 빼기를 해 보고 □ 안에 알맞은 수를 써 보세요.

$7 - 4 = \square$

$5 - 1 = \square$

$8 - 3 = \square$

$6 - 5 = \square$

이름 :

날짜 :

확인

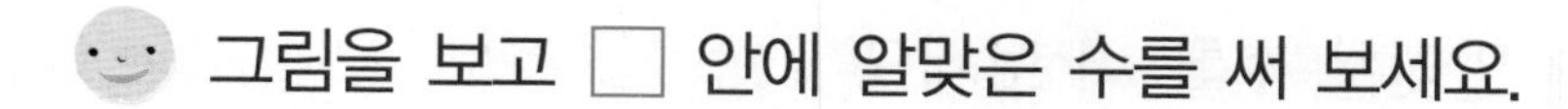

$3 - 2 = \square$

$5 - 3 = \square$

$8 - 4 = \square$

$6 - 5 = \square$

그림을 보고 □ 안에 알맞은 수를 써 보세요.

$7 - 3 = \square$

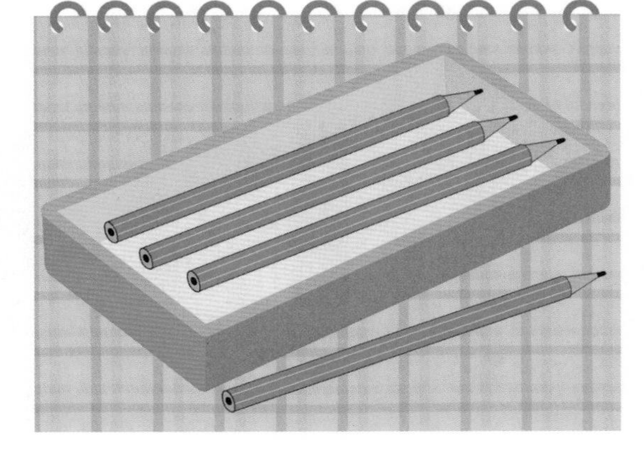

$4 - 1 = \square$

$5 - 2 = \square$

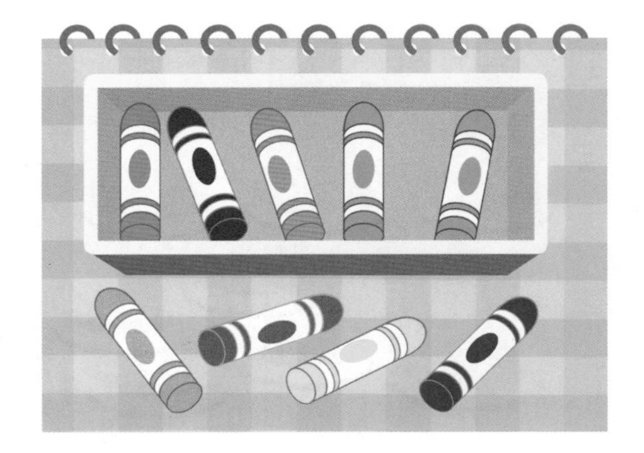

$9 - 4 = \square$

이름 :

날짜 :

확인

그림을 보고 □ 안에 알맞은 수를 써 보세요.

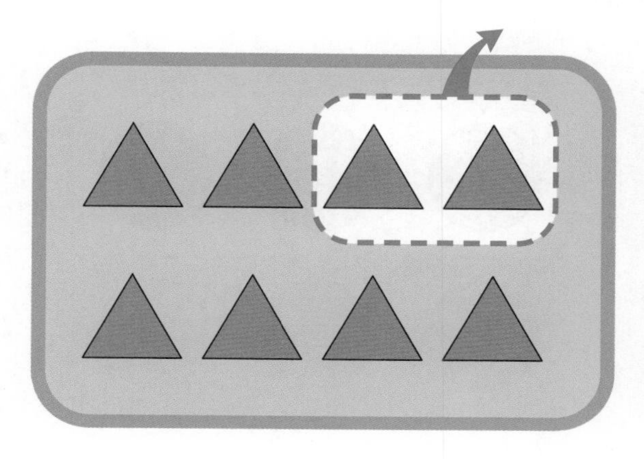

$8 - 2 = \square$

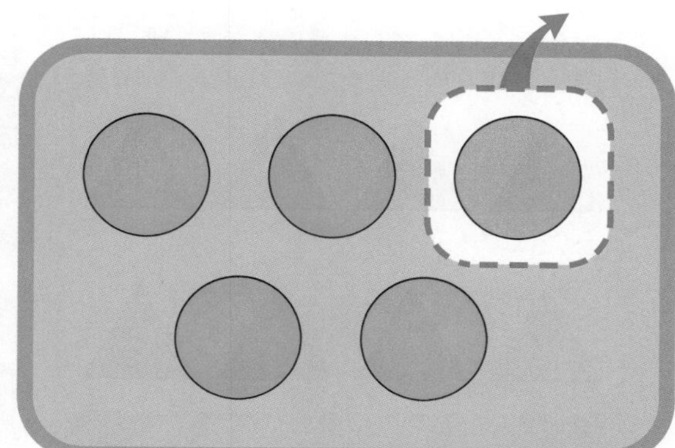

$5 - 1 = \square$

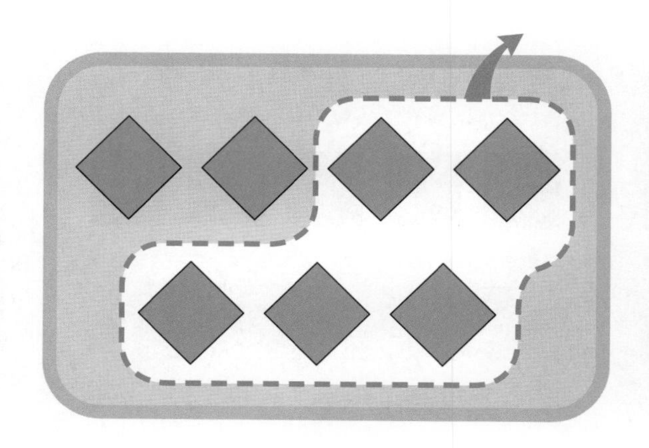

$7 - 5 = \square$

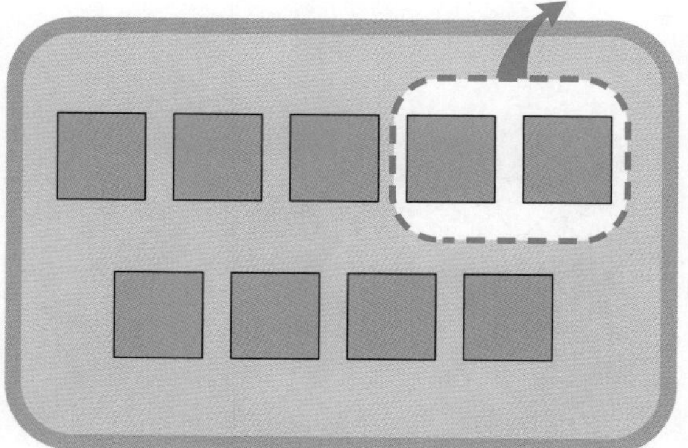

$9 - 2 = \square$

그림을 보고 □ 안에 알맞은 수를 써 보세요.

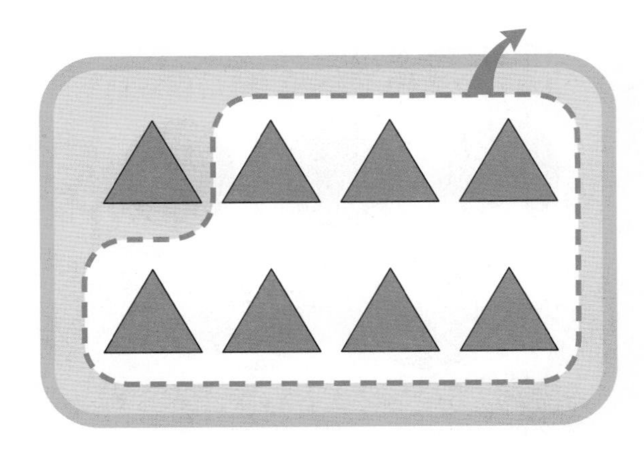

$8 - 7 = \square$

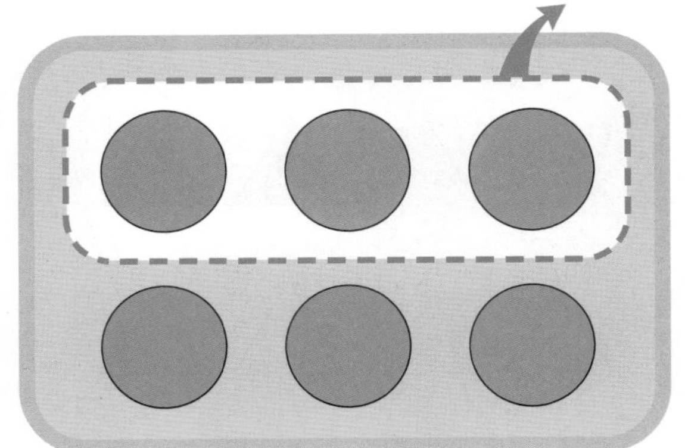

$6 - 3 = \square$

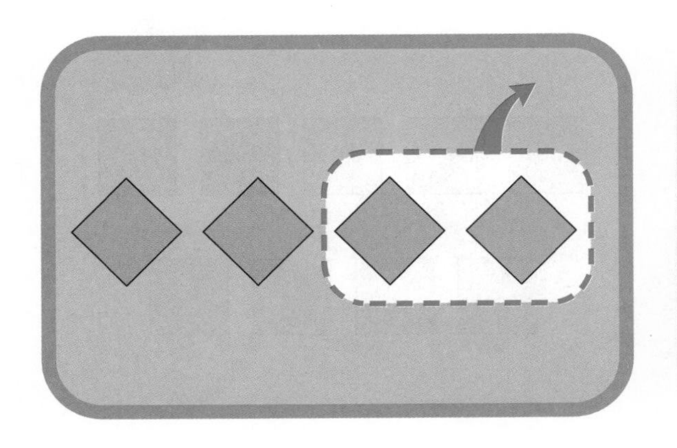

$4 - 2 = \square$

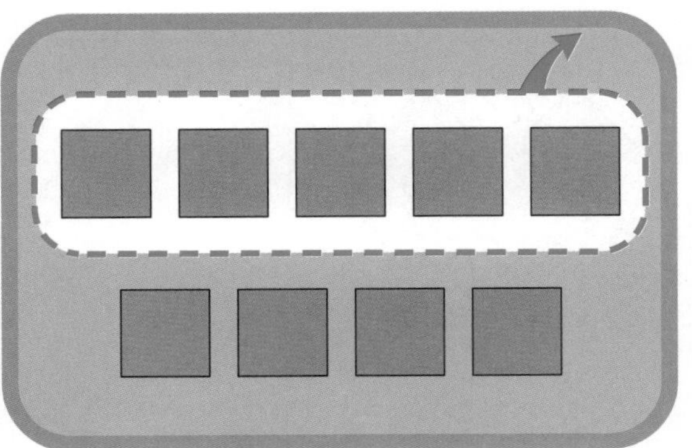

$9 - 5 = \square$

이름 :

날짜 :

확인

보기와 같이 짝짓고 남은 것의 수를 나타내는 식을 빈 곳에 써 보세요.

보기

$5 - 2 = 3$

빈 곳에 짝짓고 남은 것의 수를 나타내는 식을 써 보세요.

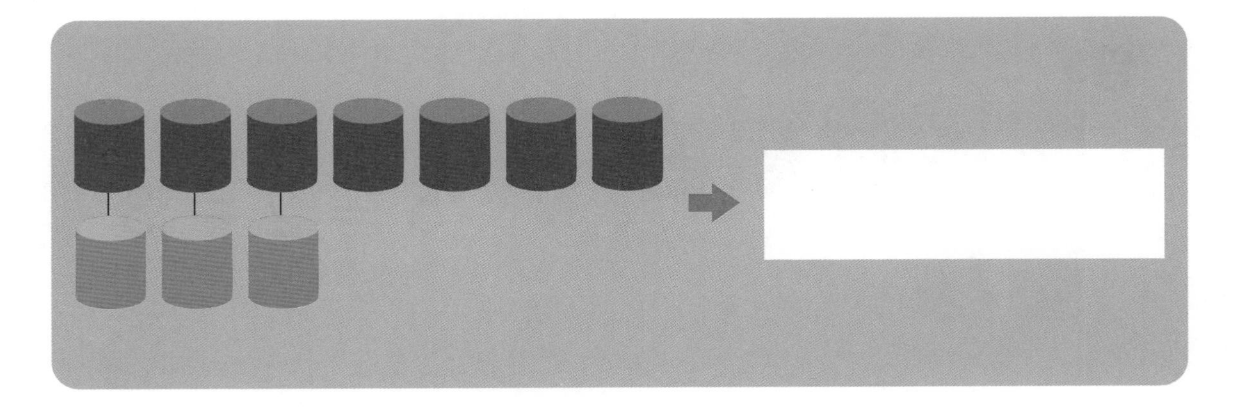

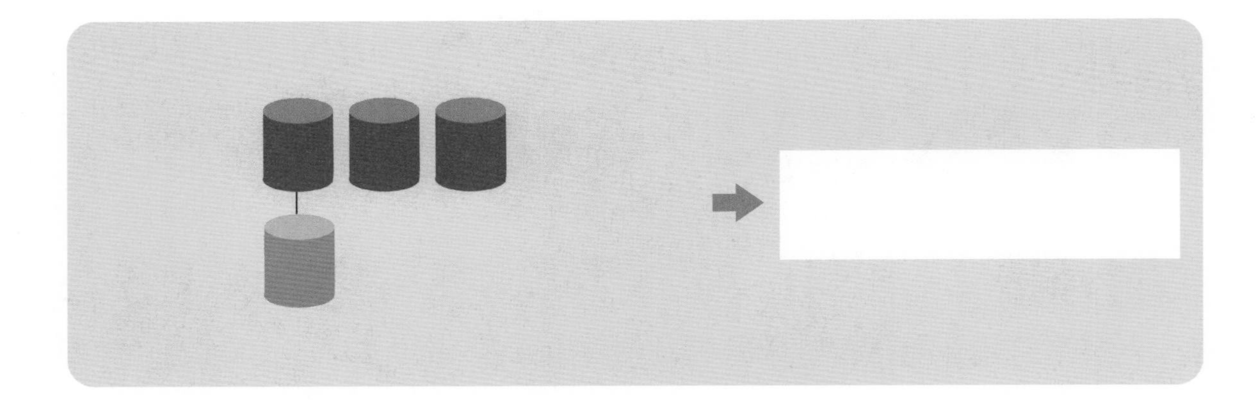

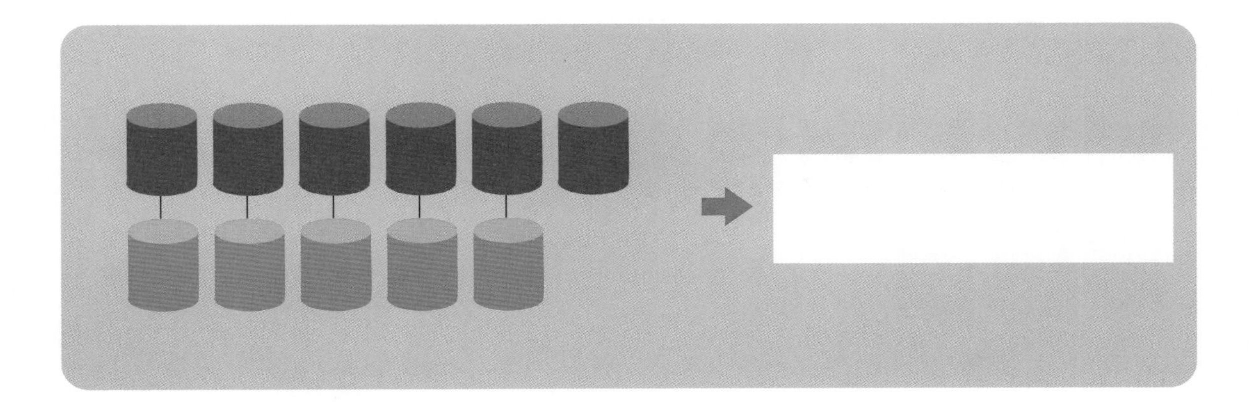

이름 :

날짜 :

확인

◯ 안에 알맞은 수를 써 보세요.

$6 - 5 = \bigcirc$

$3 - 1 = \bigcirc$

$8 - 5 = \bigcirc$

$4 - 3 = \bigcirc$

$7 - 2 = \bigcirc$

$9 - 4 = \bigcirc$

$5 - 2 = \bigcirc$

$8 - 1 = \bigcirc$

$6 - 4 = \bigcirc$

$7 - 5 = \bigcirc$

◯ 안에 알맞은 수를 써 보세요.

$4 - 2 = \bigcirc$

$7 - 1 = \bigcirc$

$9 - 7 = \bigcirc$

$6 - 3 = \bigcirc$

$5 - 4 = \bigcirc$

$8 - 2 = \bigcirc$

$2 - 1 = \bigcirc$

$9 - 3 = \bigcirc$

$3 - 2 = \bigcirc$

$8 - 4 = \bigcirc$

이름 :

날짜 :

확인

[세로로 빼 보기]

그림을 보고 식을 만들어 □ 안에 알맞은 수를 써 보세요.

$$\begin{array}{r} 8 \\ -\ 3 \\ \hline \square \end{array}$$

$$\begin{array}{r} 5 \\ -\ 2 \\ \hline \square \end{array}$$

그림을 보고 식을 만들어 □ 안에 알맞은 수를 써 보세요.

$$\begin{array}{r} 7 \\ -\ 2 \\ \hline \square \end{array}$$

$$\begin{array}{r} 9 \\ -\ 5 \\ \hline \square \end{array}$$

이름 :

날짜 :

확인

□ 안에 알맞은 수를 써 보세요.

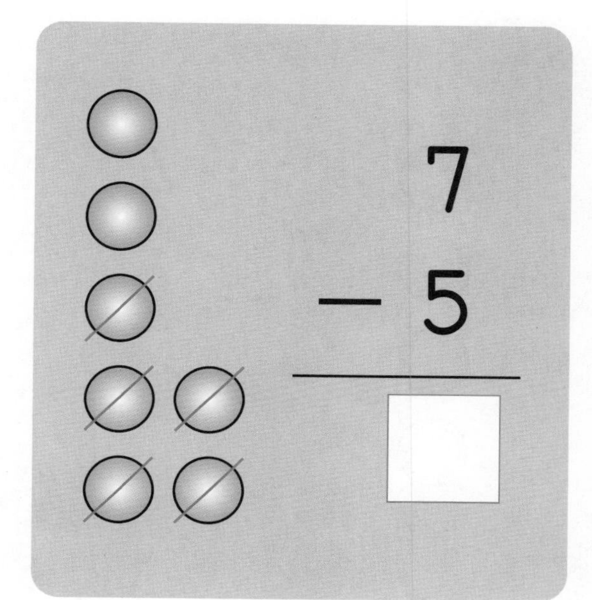

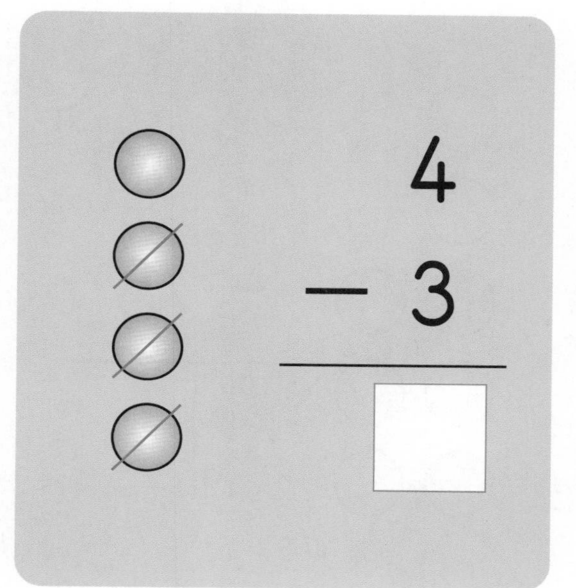

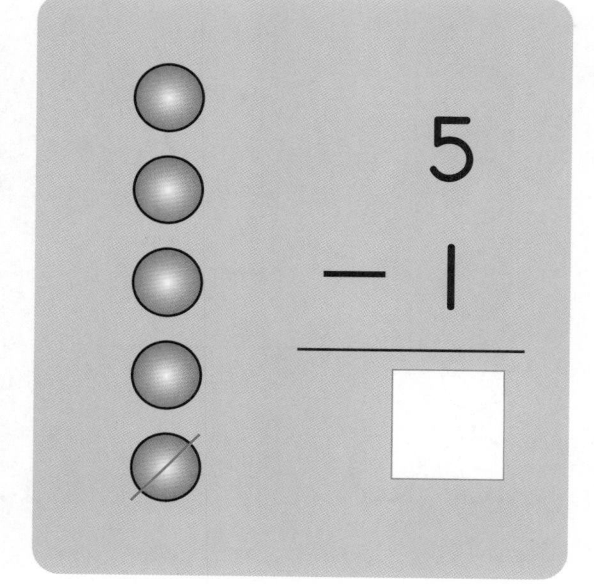

$$\begin{array}{r} 9 \\ -\ 6 \\ \hline \square \end{array}$$

빼는 수만큼 /로 지워서 빼기를 해 보고 □ 안에 알맞은 수를 써 보세요.

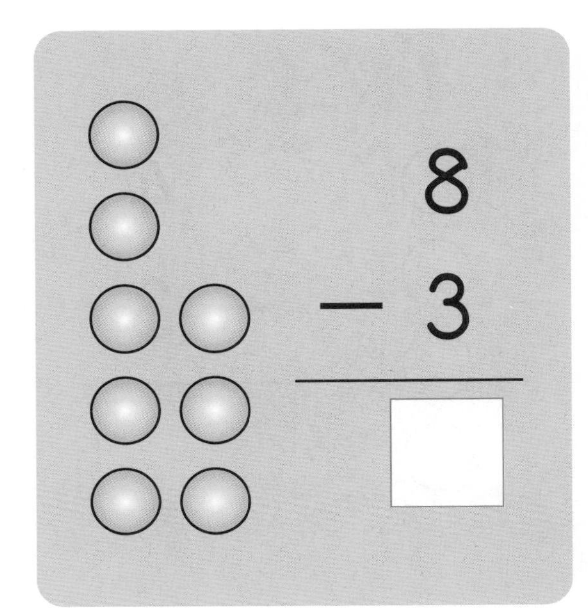

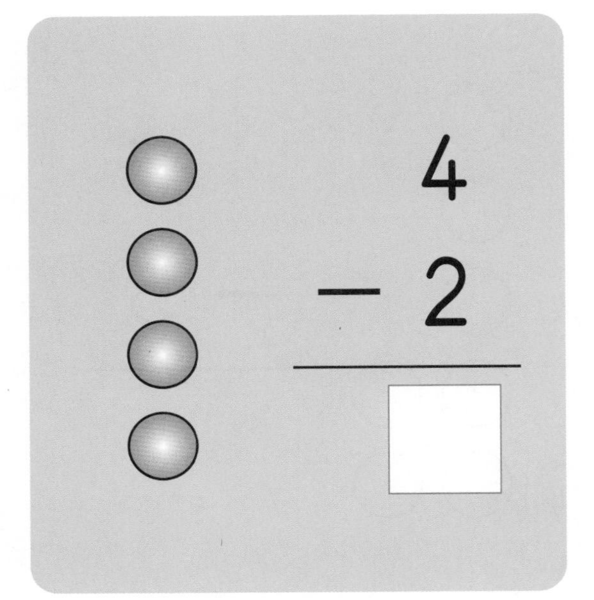

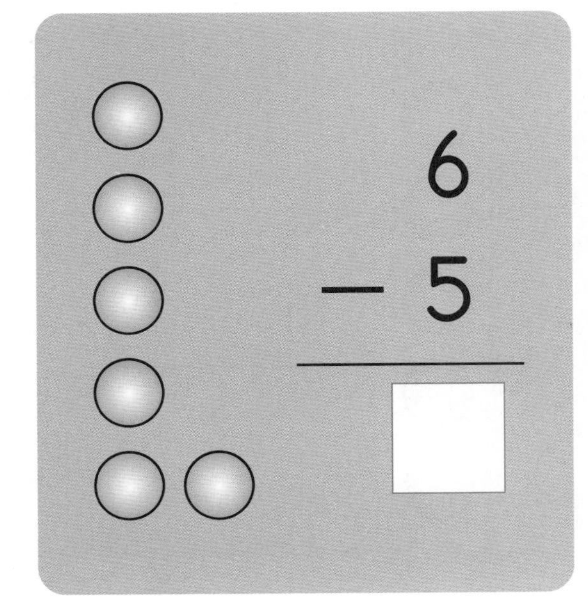

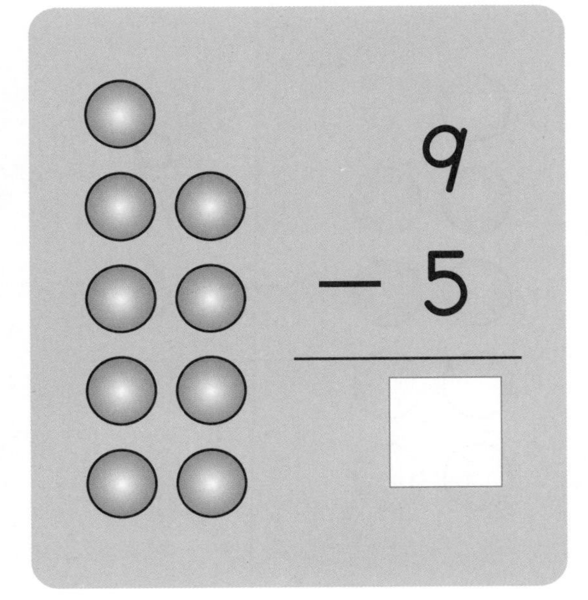

이름 :

날짜 :

확인

□ 안에 알맞은 수를 써 보세요.

$$\begin{array}{r} 9 \\ -\ 8 \\ \hline \square \end{array}$$

$$\begin{array}{r} 3 \\ -\ 1 \\ \hline \square \end{array}$$

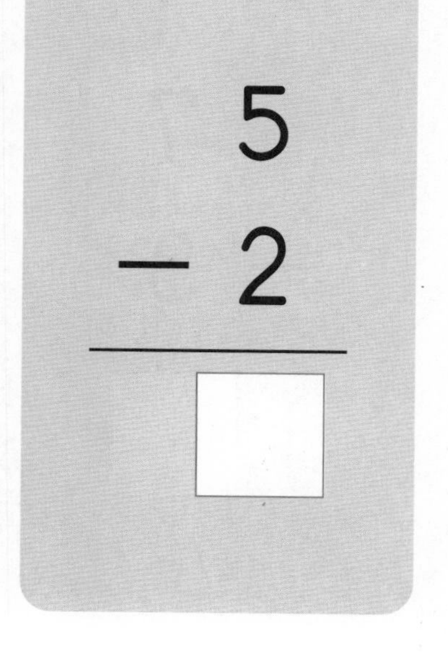

□ 안에 알맞은 수를 써 보세요.

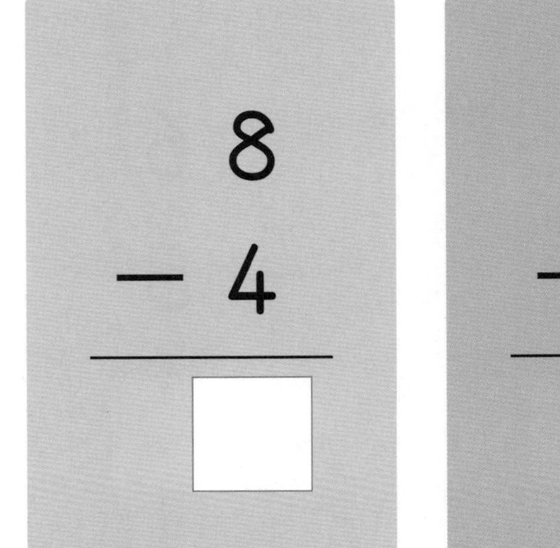

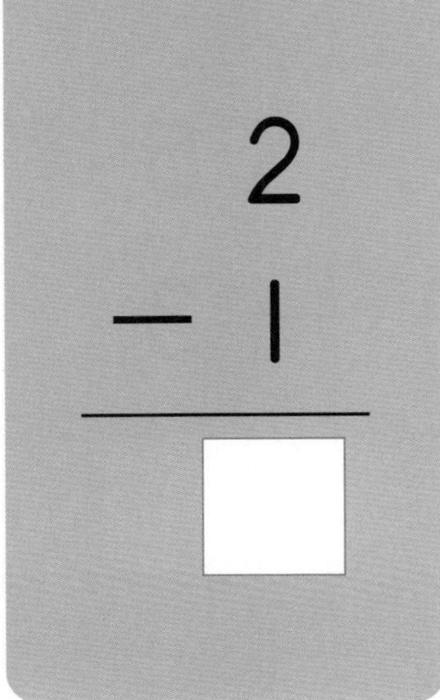

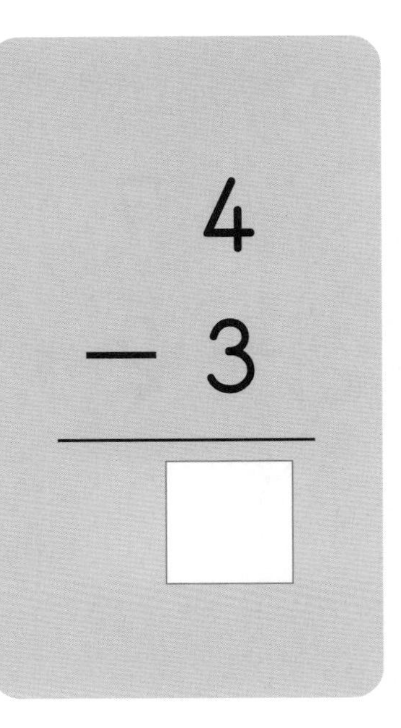

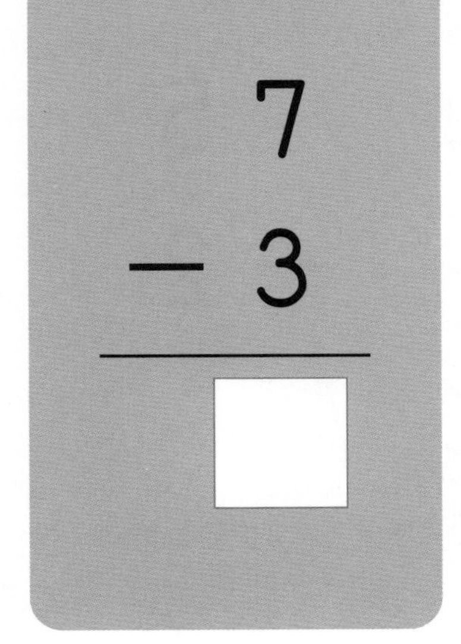

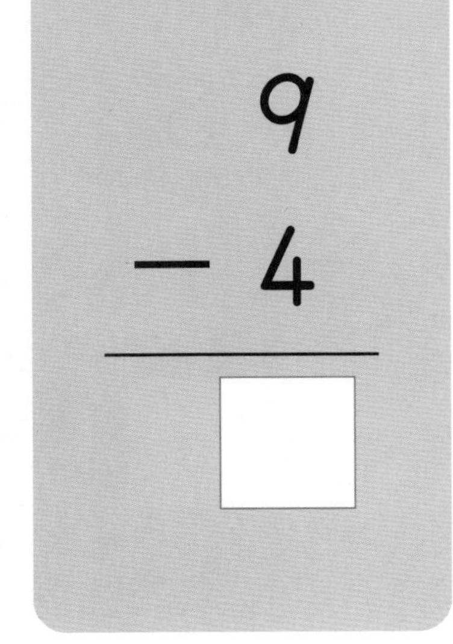

$$\begin{array}{r} 6 \\ -\ 1 \\ \hline \square \end{array}$$

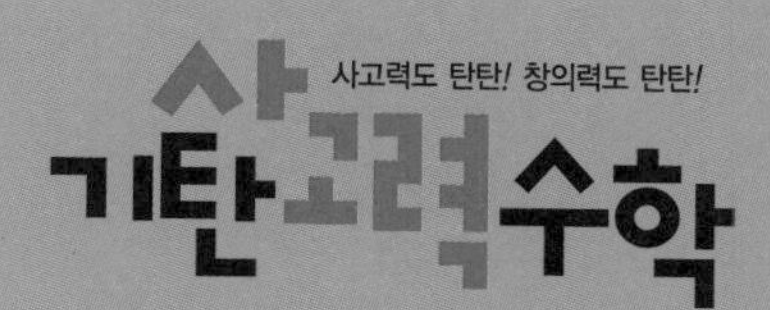

C2

C106a ~ C120b

학습 내용

더해 보기와 빼 보기	• 더해 보기와 빼 보기 • 바꾸어서 셈하기

이번 주는?

• 학습 방법 : ① 매일매일 ② 가끔 ③ 한꺼번에
하였습니다.

• 학습 태도 : ① 스스로 잘 ② 시켜서 억지로
하였습니다.

• 학습 흥미 : ① 재미있게 ② 싫증 내며
하였습니다.

• 교재 내용 : ① 적합하다고 ② 어렵다고 ③ 쉽다고
하였습니다.

지도 교사가 부모님께

부모님이 지도 교사께

평가 Ⓐ 아주 잘함 Ⓑ 잘함 Ⓒ 보통 Ⓓ 부족함

원(교) 반 이름 전화

기초부터 탄탄하게 기탄교육

이렇게 도와주세요!

더해 보기와 빼 보기

더해 보기와 빼 보기에서는 더하기한 결과와 더하기 전 두 수의 관계를 이해하여 더하기와 빼기 사이의 관계를 알아보게 합니다. 더하기와 빼기가 각각의 동떨어진 개념이 아니라 더해지는 수, 더하는 수, 전체의 수 사이에 서로 상호 작용하는 관계임을 이해할 수 있습니다.

지도 내용

더하기와 빼기 사이의 관계를 이해하고, 두 수를 바꾸어 셈하는 경우의 결과를 비교해 보게 합니다.

지도 요점

더하기와 빼기 사이의 관계를 이해하는 것은 어린이들의 이후 수학 활동에 기초가 되므로 충분한 시간을 갖고 연습하도록 합니다.

이름 :

날짜 :

확인

[더해 보기와 빼 보기]

그림을 보고 물음에 답하세요.

벌과 나비는 모두 몇 마리인지 식으로 나타내어 보세요.

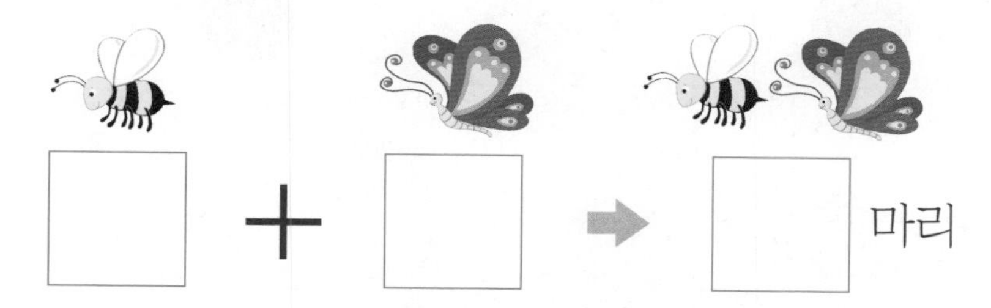

위의 식을 보고 나비는 몇 마리인지 식으로 나타내어 보세요.

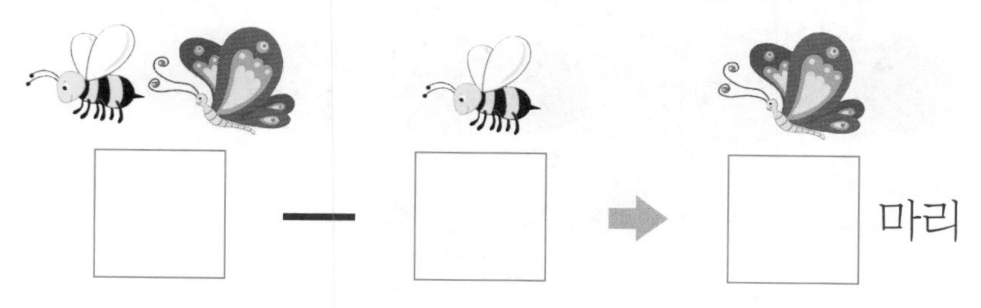

그림을 보고 물음에 답하세요.

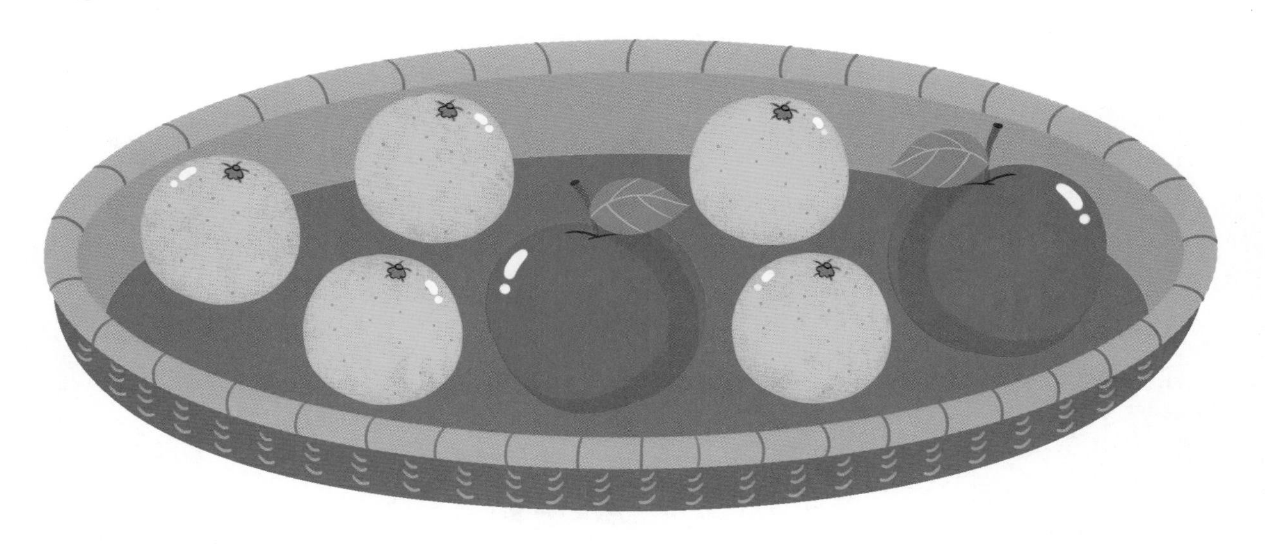

사과와 귤은 모두 몇 개인지 식으로 나타내어 보세요.

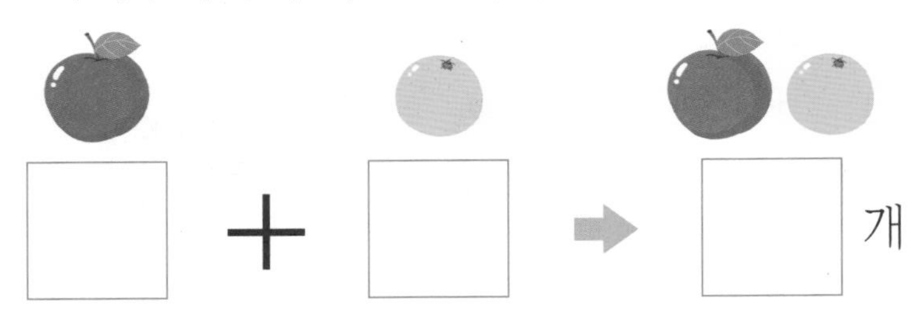

위의 식을 보고 사과는 몇 개인지 식으로 나타내어 보세요.

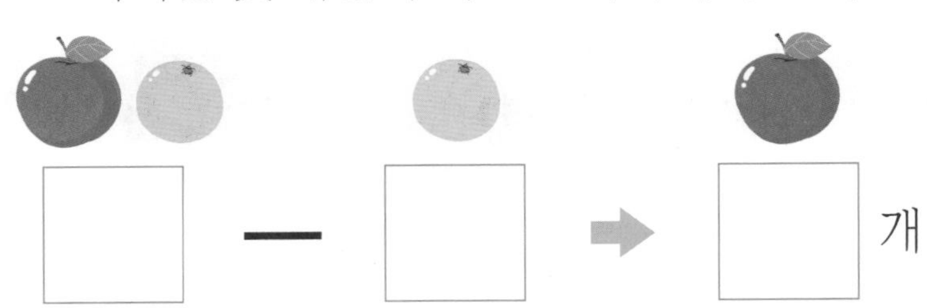

이름 :

날짜 :

확인

그림을 보고 물음에 답하세요.

곰 인형과 토끼 인형은 모두 몇 개인지 식으로 나타내어 보세요.

□ + □ → □ 개

위의 식을 보고 토끼 인형은 몇 개인지 식으로 나타내어 보세요.

□ − □ → □ 개

그림을 보고 물음에 답하세요.

도넛과 조각 케이크는 모두 몇 개인지 식으로 나타내어 보세요.

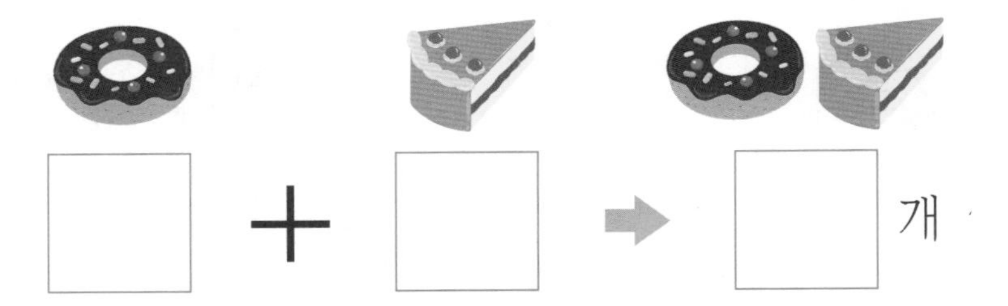

위의 식을 보고 조각 케이크는 몇 개인지 식으로 나타내어 보세요.

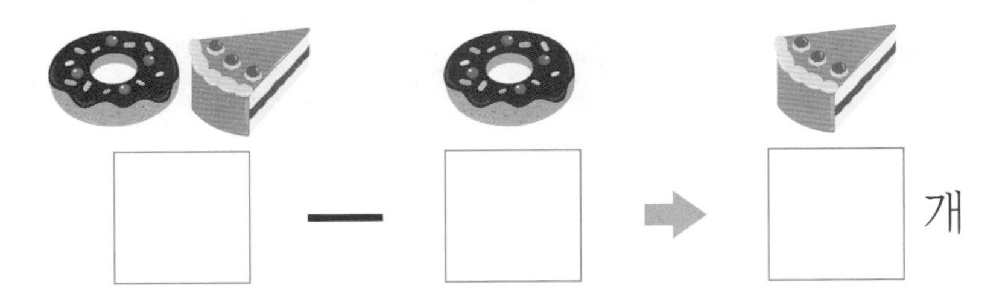

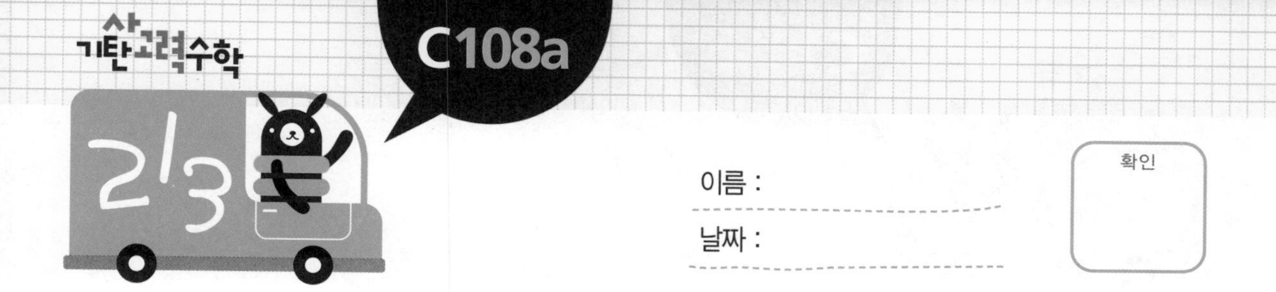

그림을 보고 물음에 답하세요.

사자와 호랑이는 모두 몇 마리인지 식으로 나타내어 보세요.

□ + □ ➡ □ 마리

위의 식을 보고 호랑이는 몇 마리인지 식으로 나타내어 보세요.

□ − □ ➡ □ 마리

그림을 보고 물음에 답하세요.

크리스마스트리에 걸린 종과 양말 장식은 모두 몇 개인지 식으로 나타내어 보세요.

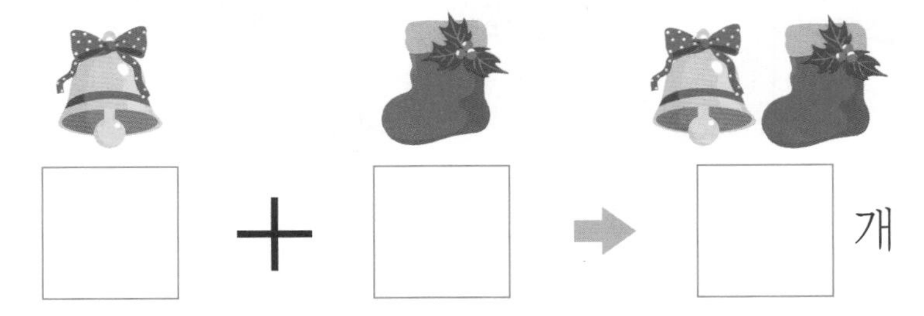

위의 식을 보고 양말 장식은 몇 개인지 식으로 나타내어 보세요.

이름 :

날짜 :

확인

그림을 보고 물음에 답하세요.

원숭이와 부엉이는 모두 몇 마리인지 식으로 나타내어 보세요.

□ + □ ➡ □ 마리

위의 식을 보고 원숭이는 몇 마리인지 식으로 나타내어 보세요.

□ − □ ➡ □ 마리

그림을 보고 물음에 답하세요.

장미와 국화꽃은 모두 몇 송이인지 식으로 나타내어 보세요.

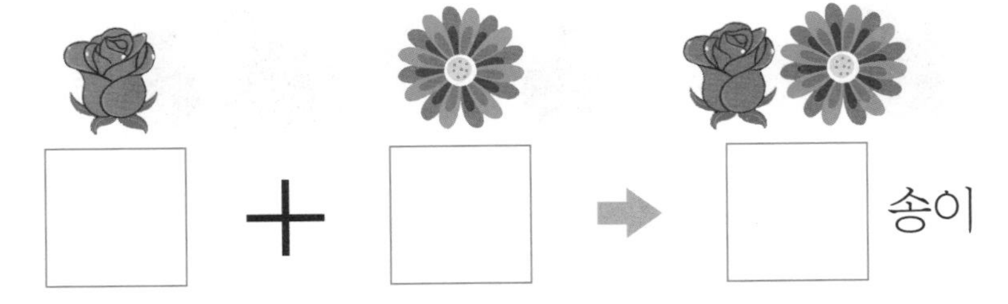

위의 식을 보고 장미꽃은 몇 송이인지 식으로 나타내어 보세요.

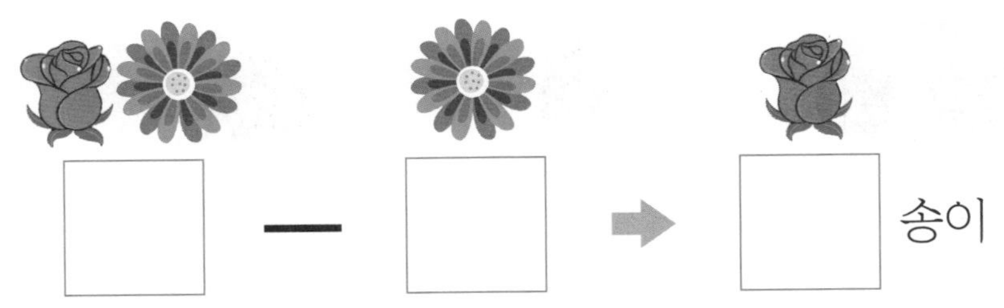

이름 :

날짜 :

확인

다음 그림을 보고 더해 보기와 빼 보기를 하여 □ 안에 각각 알맞은 수를 써 보세요.

$5 + 3 = \square$

$8 - 5 = \square$

$2 + 4 = \square$

$6 - 4 = \square$

다음 그림을 보고 더해 보기와 빼 보기를 하여 □ 안에 각각 알맞은 수를 써 보세요.

$5 + 2 = \square$

$7 - 5 = \square$

$4 + 4 = \square$

$8 - 4 = \square$

이름 :

날짜 :

확인

다음 그림을 보고 더해 보기와 빼 보기를 하여 □ 안에 각각 알맞은 수를 써 보세요.

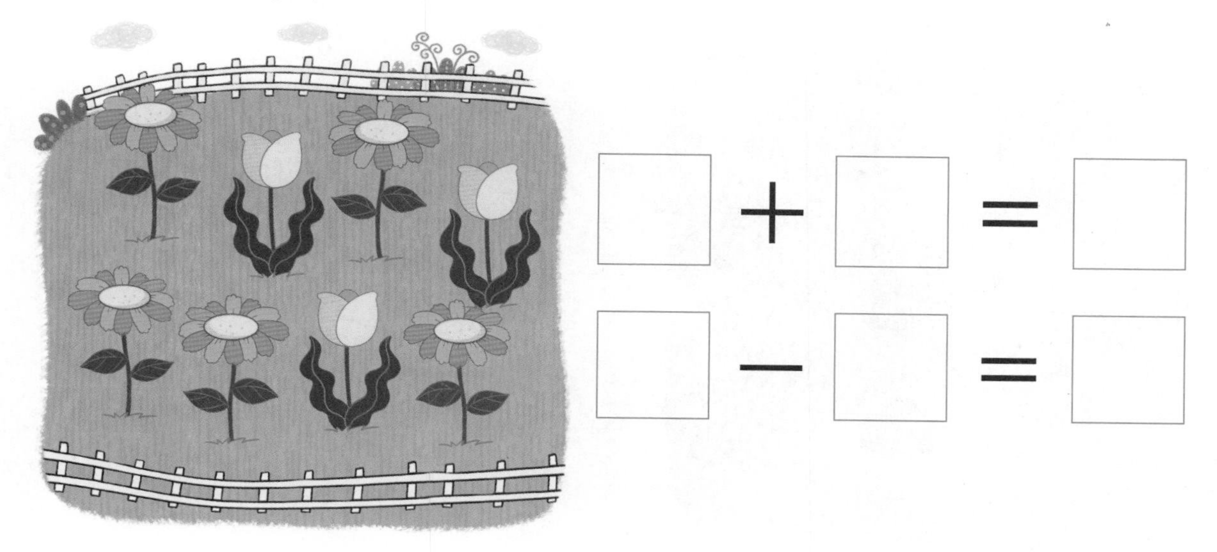

□ + □ = □

□ − □ = □

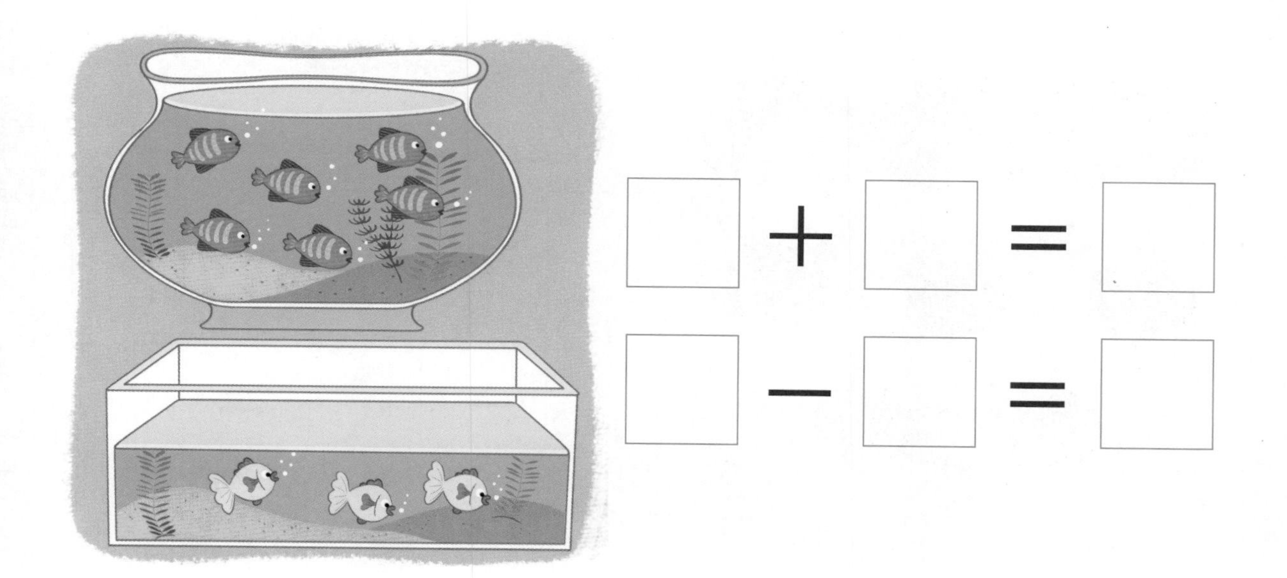

□ + □ = □

□ − □ = □

다음 그림을 보고 더해 보기와 빼 보기를 하여 □ 안에 각각 알맞은 수를 써 보세요.

□ + □ = □

□ − □ = □

□ + □ = □

□ − □ = □

이름 :

날짜 :

확인

보기 와 같이 더하는 두 수의 수만큼 색을 다르게 하여 ◯를 칠해 보고, □ 안에 알맞은 수를 써 보세요.

보기

$2 + 4 = \square$ $6 - 4 = \square$

$7 + 1 = \square$ $8 - 1 = \square$

$3 + 6 = \square$ $9 - 6 = \square$

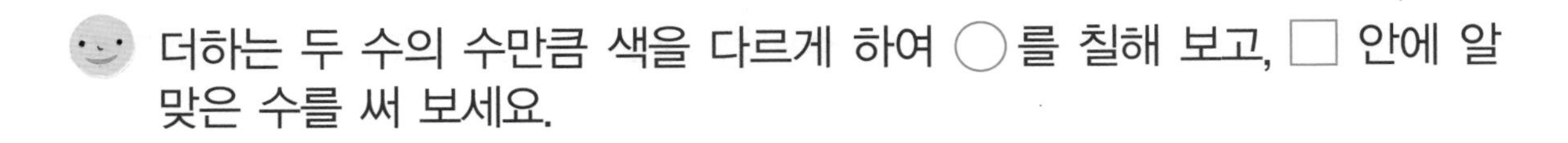

더하는 두 수의 수만큼 색을 다르게 하여 ◯를 칠해 보고, □ 안에 알맞은 수를 써 보세요.

$1 + 5 = \square$　　$6 - 1 = \square$

$3 + 4 = \square$　　$7 - 3 = \square$

$6 + 2 = \square$　　$8 - 6 = \square$

이름 :

날짜 :

확인

그림을 보고 더해 보기와 빼 보기를 하여 □ 안에 각각 알맞은 수를 써 보세요.

6 + 2 = □

8 − 2 = □

□ + □ = □

□ + □ = □

그림을 보고 더해 보기와 빼 보기를 하여 □ 안에 각각 알맞은 수를 써 보세요.

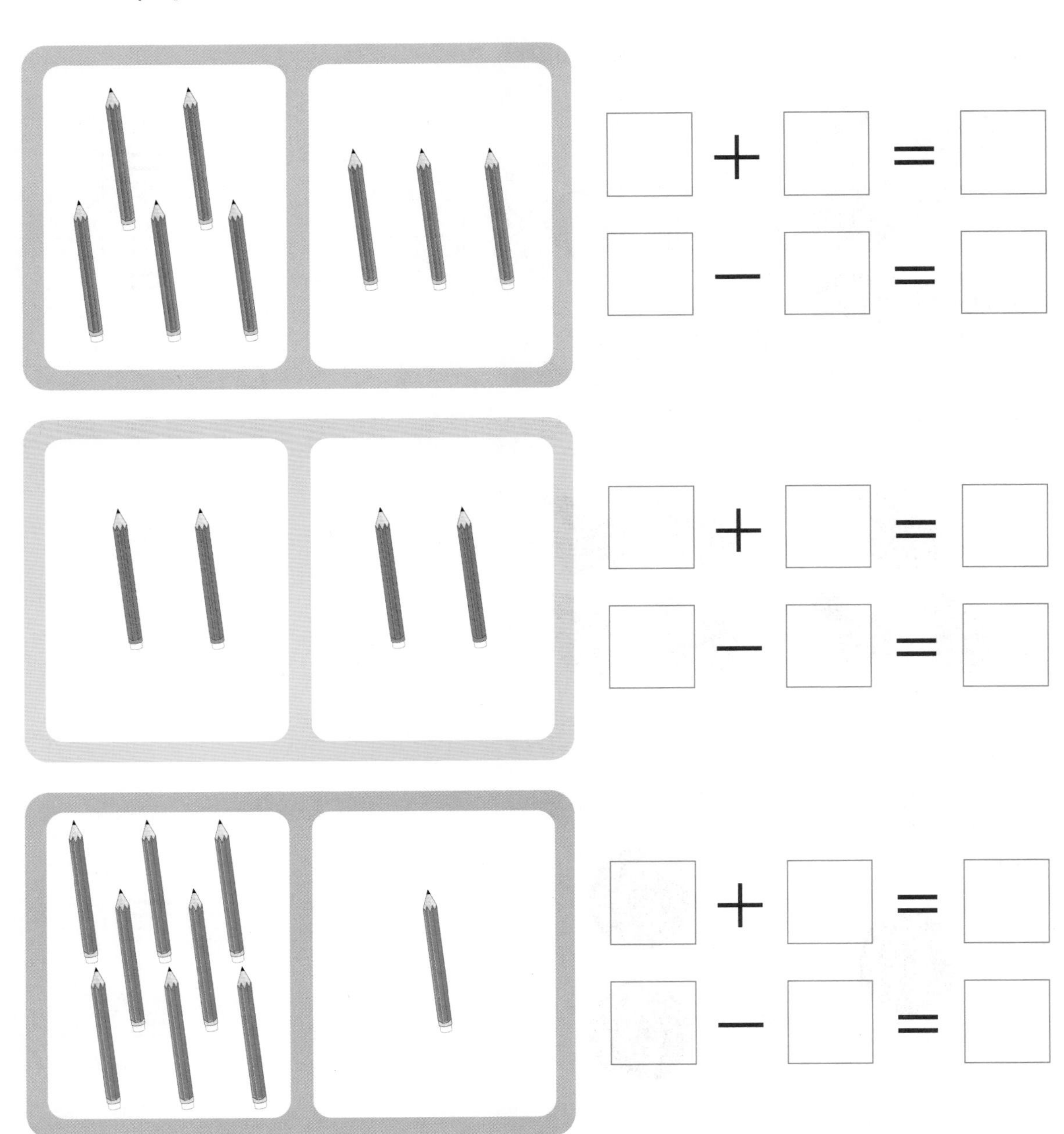

이름 :

날짜 :

확인

그림을 보고 더해 보기와 빼 보기를 하여 □ 안에 각각 알맞은 수를 써 보세요.

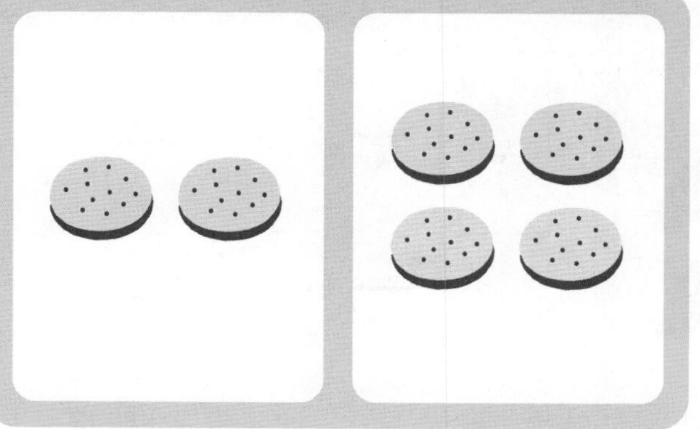

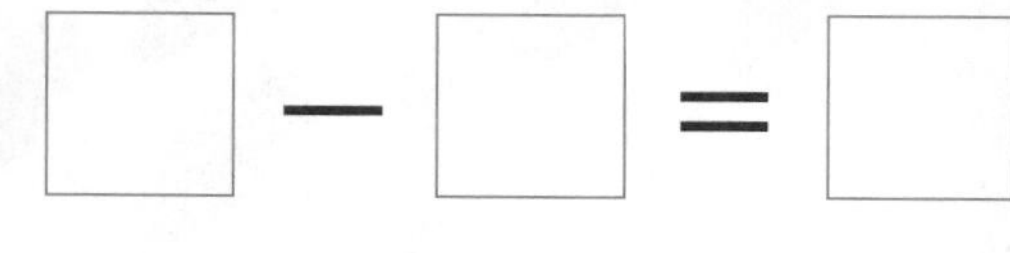

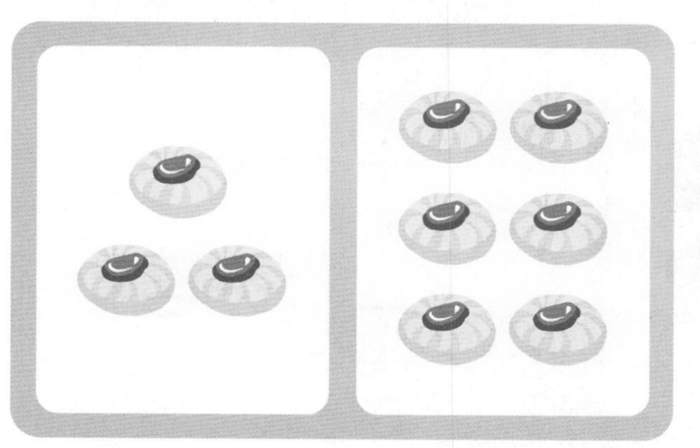

□ + □ = □

□ − □ = □

그림을 보고 더해 보기와 빼 보기를 하여 □ 안에 각각 알맞은 수를 써 보세요.

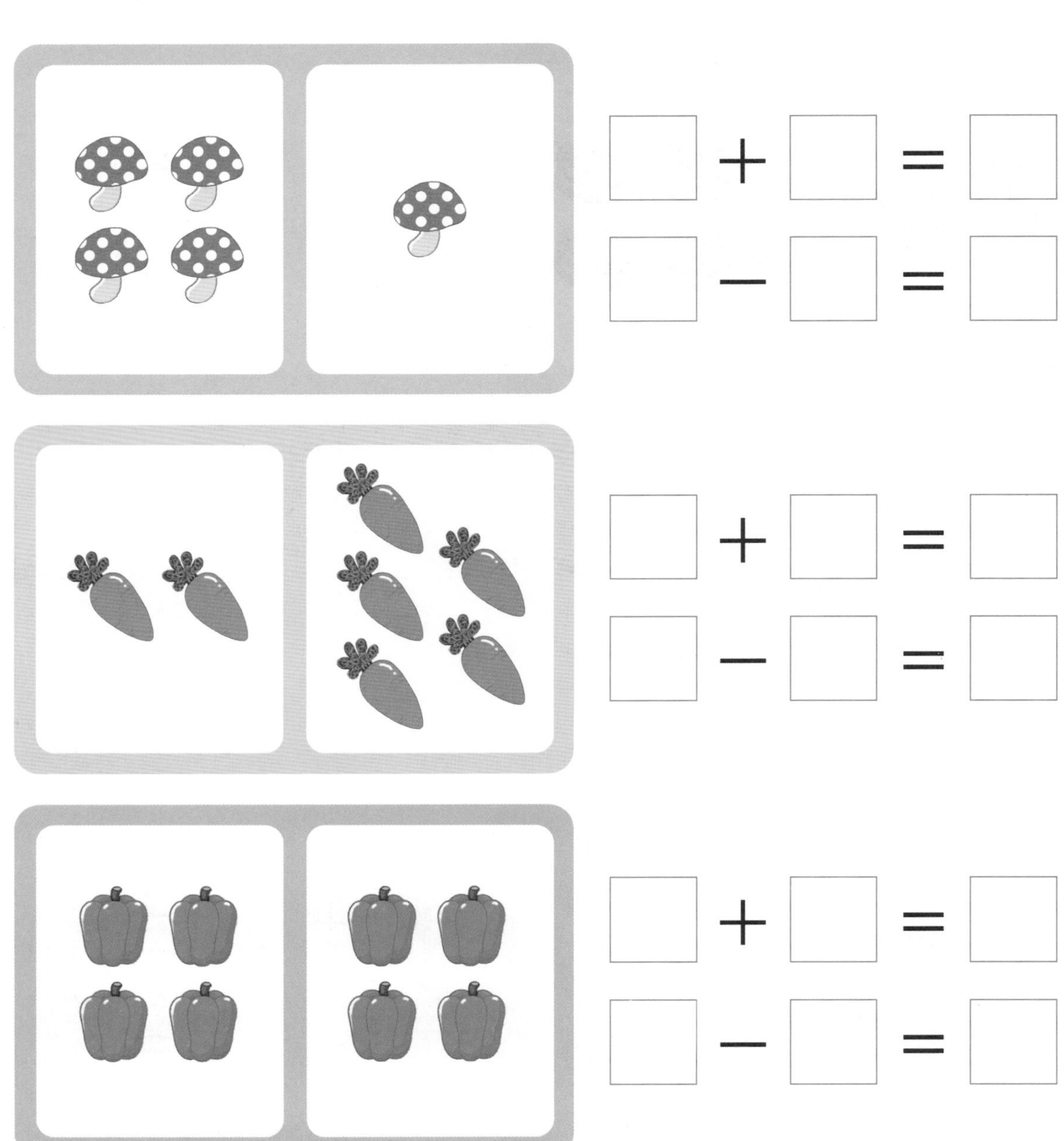

이름 :

날짜 :

확인

□ 안에 각각 알맞은 수를 써 보세요.

$3 + 1 = \square$ ➡ $4 - 1 = \square$

$2 + 6 = \square$ ➡ $8 - 6 = \square$

$1 + 5 = \square$ ➡ $6 - 5 = \square$

$4 + 3 = \square$ ➡ $7 - 3 = \square$

□ 안에 각각 알맞은 수를 써 보세요.

$2 + 1 = \square$ ➡ $3 - 2 = \square$

$3 + 3 = \square$ ➡ $6 - 3 = \square$

$1 + 8 = \square$ ➡ $9 - 1 = \square$

$4 + 2 = \square$ ➡ $6 - 4 = \square$

이름 :

날짜 :

확인

□ 안에 알맞은 수를 써 보세요.

$2 + \square = 5$

$7 + \square = 8$

$5 + \square = 9$

$3 + \square = 6$

$1 + \square = 4$

$2 + \square = 7$

$3 + \square = 5$

$8 + \square = 9$

$4 + \square = 7$

$6 + \square = 8$

□ 안에 알맞은 수를 써 보세요.

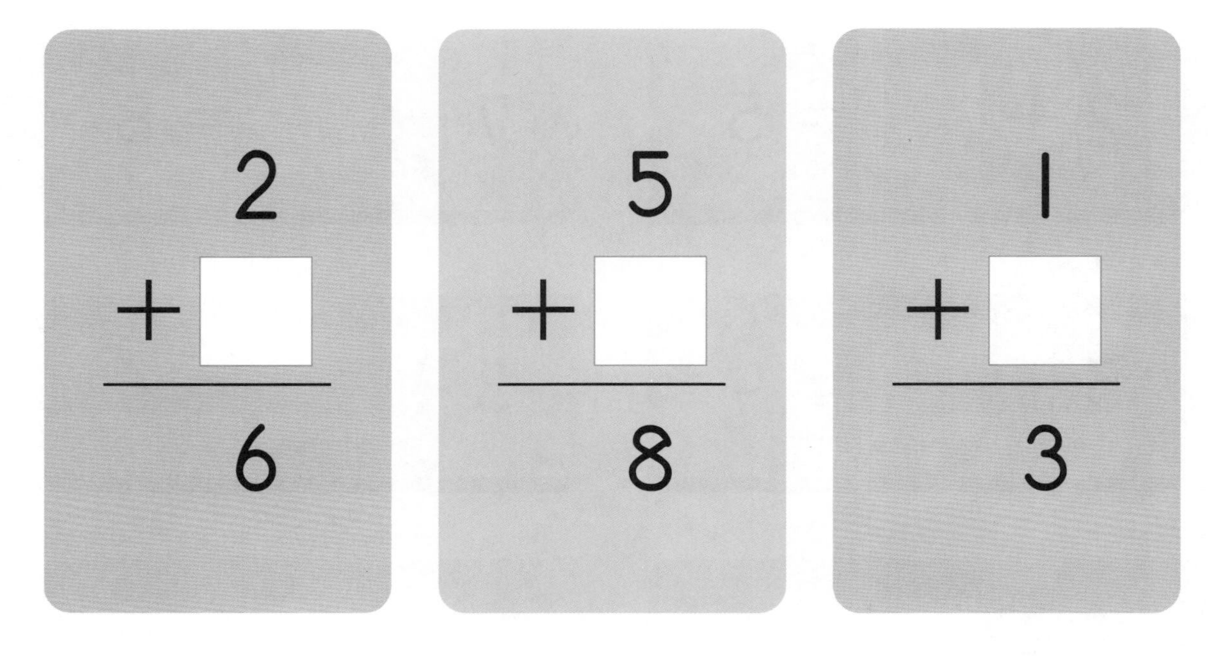

$\square + 3 = 6$

$\square + 2 = 7$

$\square + 1 = 5$

이름 :

날짜 :

확인

[바꾸어서 셈하기]

그림을 보고 □ 안에 각각 알맞은 수를 써 보세요.

4 + 3 = □　　　3 + 4 = □

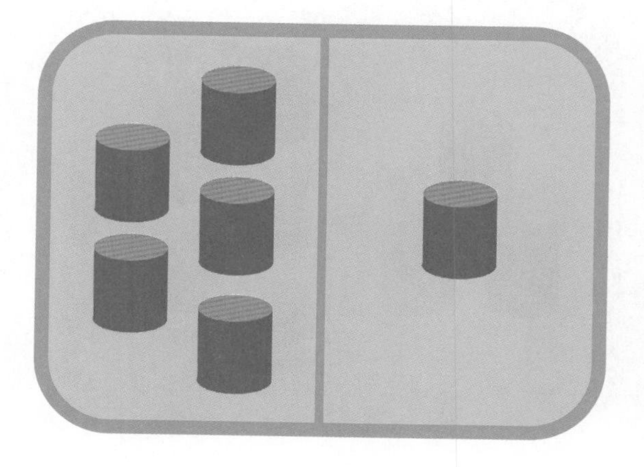

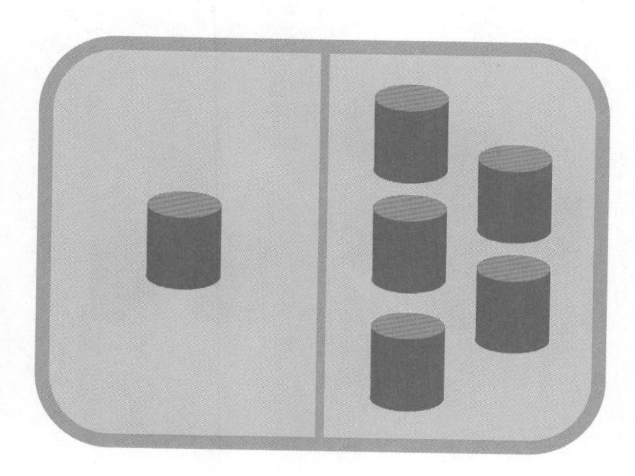

□ + □ = □　　　□ + □ = □

그림을 보고 □ 안에 각각 알맞은 수를 써 보세요.

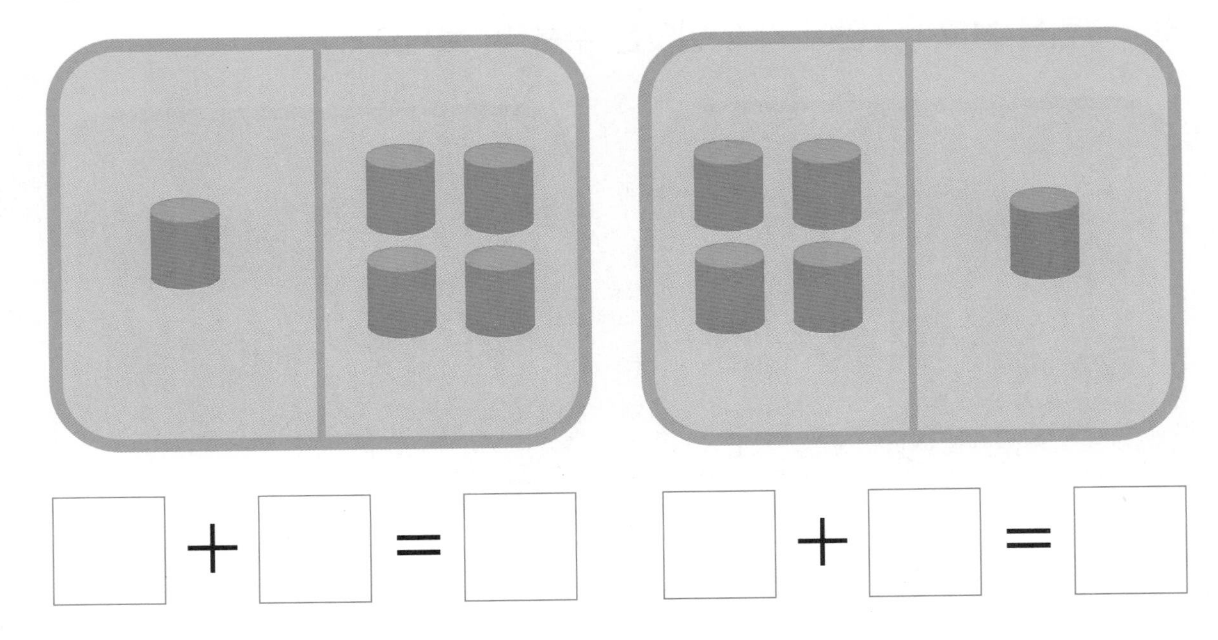

□ + □ = □　　□ + □ = □

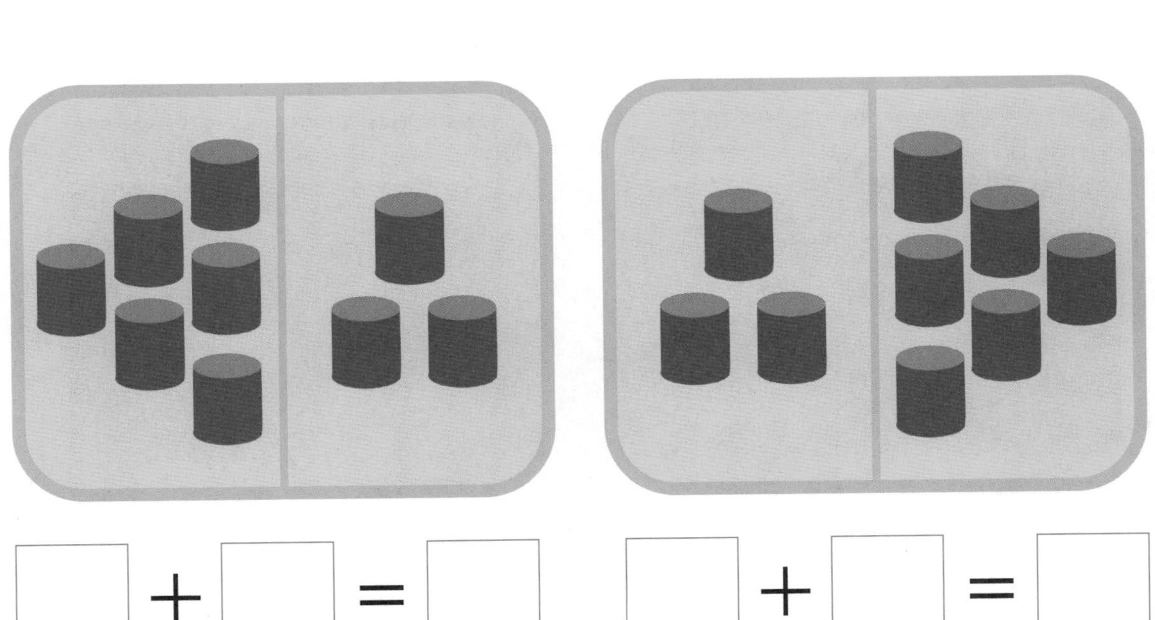

□ + □ = □　　□ + □ = □

이름 :

날짜 :

확인

그림을 보고 □ 안에 각각 알맞은 수를 써 보세요.

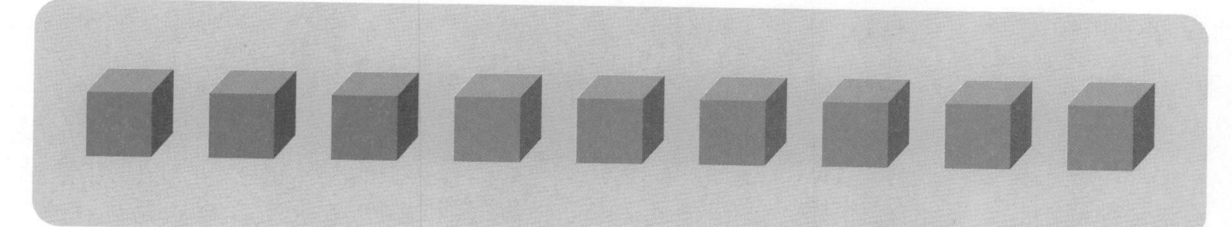

9 − 6 = □   9 − 3 = □

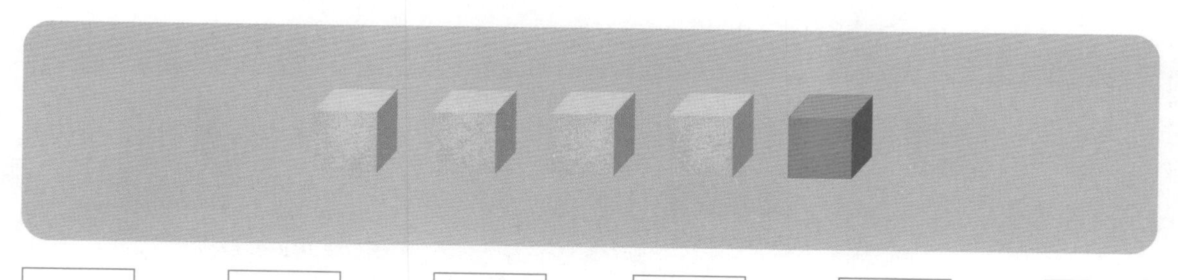

□ − □ = □   □ − □ = □

□ − □ = □   □ − □ = □

그림을 보고 □ 안에 각각 알맞은 수를 써 보세요.

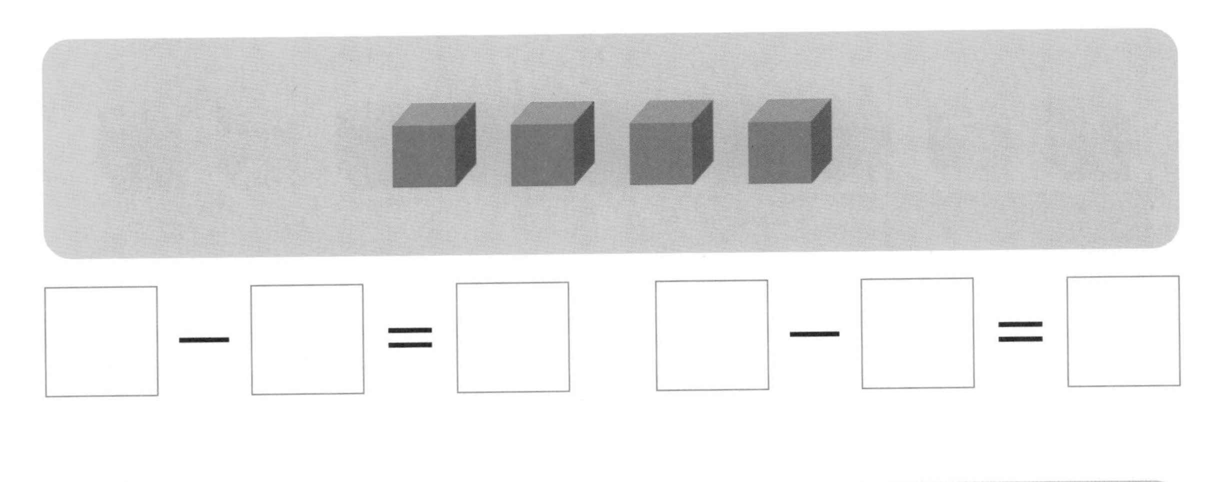

□ − □ = □　　□ − □ = □

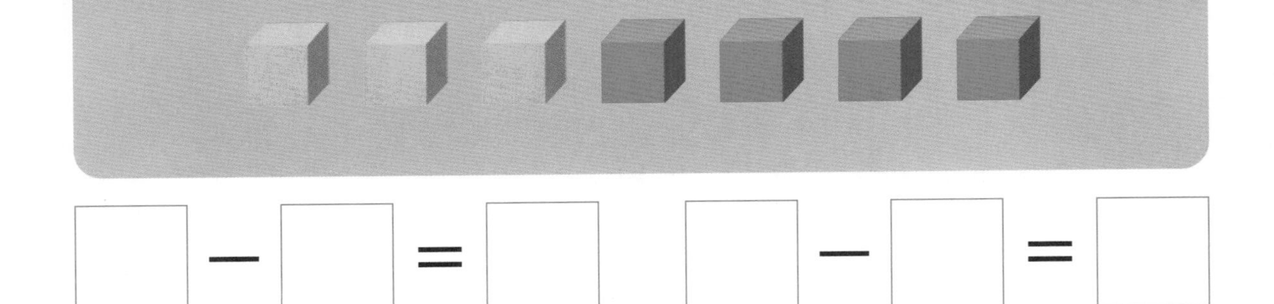

□ − □ = □　　□ − □ = □

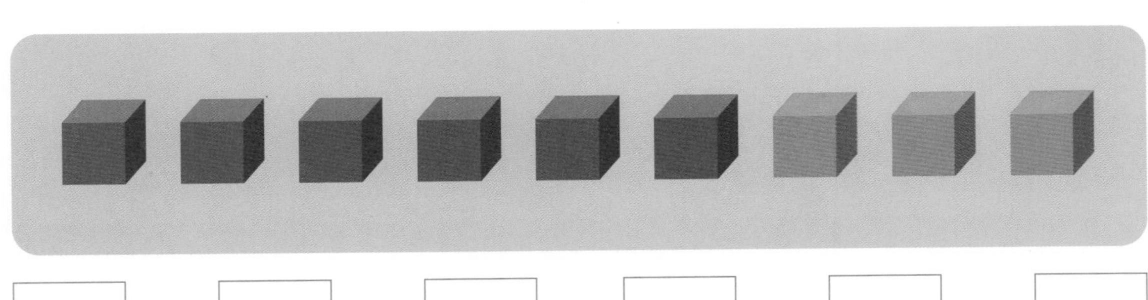

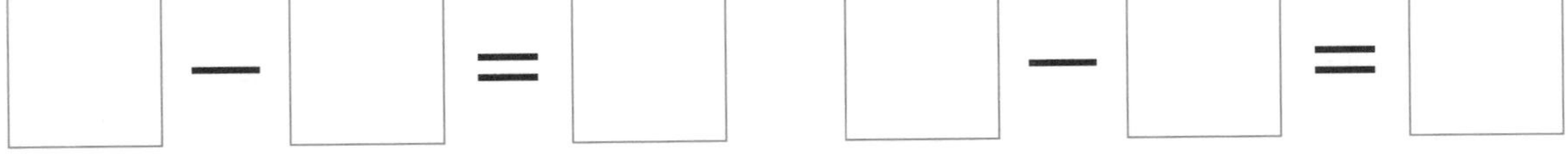

□ − □ = □　　□ − □ = □

이름 :

날짜 :

확인

그림을 보고 더해 보기와 빼 보기를 하여 □ 안에 각각 알맞은 수를 써 보세요.

$2 + 4 = \square$

$6 - 4 = \square$

$4 + 2 = \square$

$6 - 2 = \square$

$3 + 5 = \square$

$8 - 5 = \square$

$5 + 3 = \square$

$8 - 3 = \square$

그림을 보고 더해 보기와 빼 보기를 하여 □ 안에 각각 알맞은 수를 써 보세요.

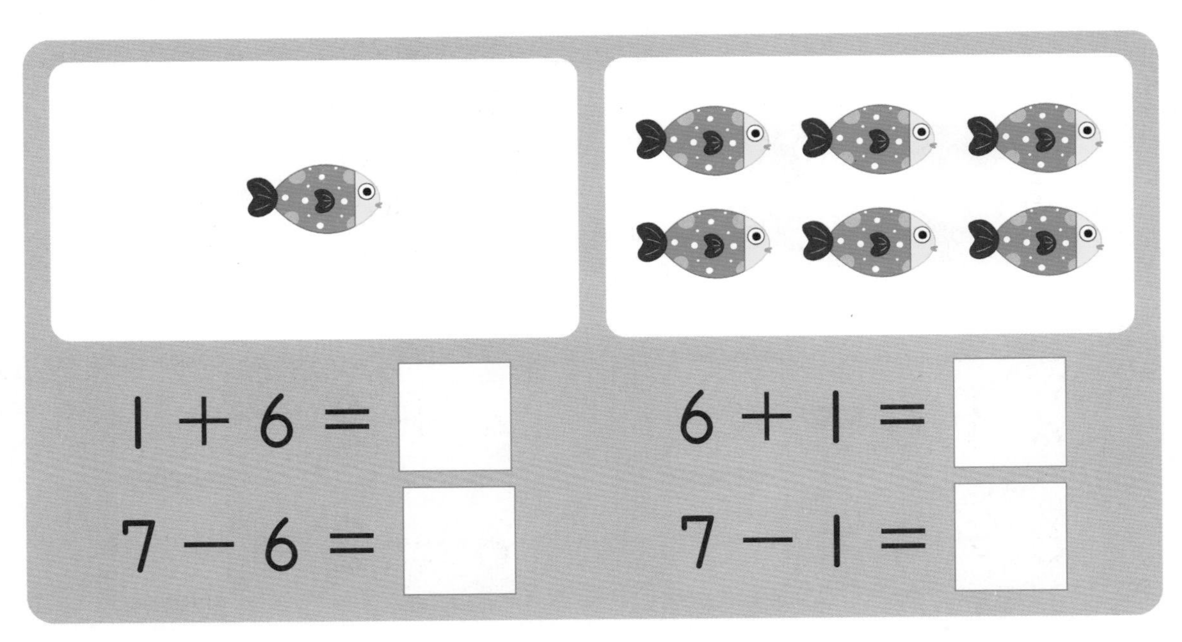

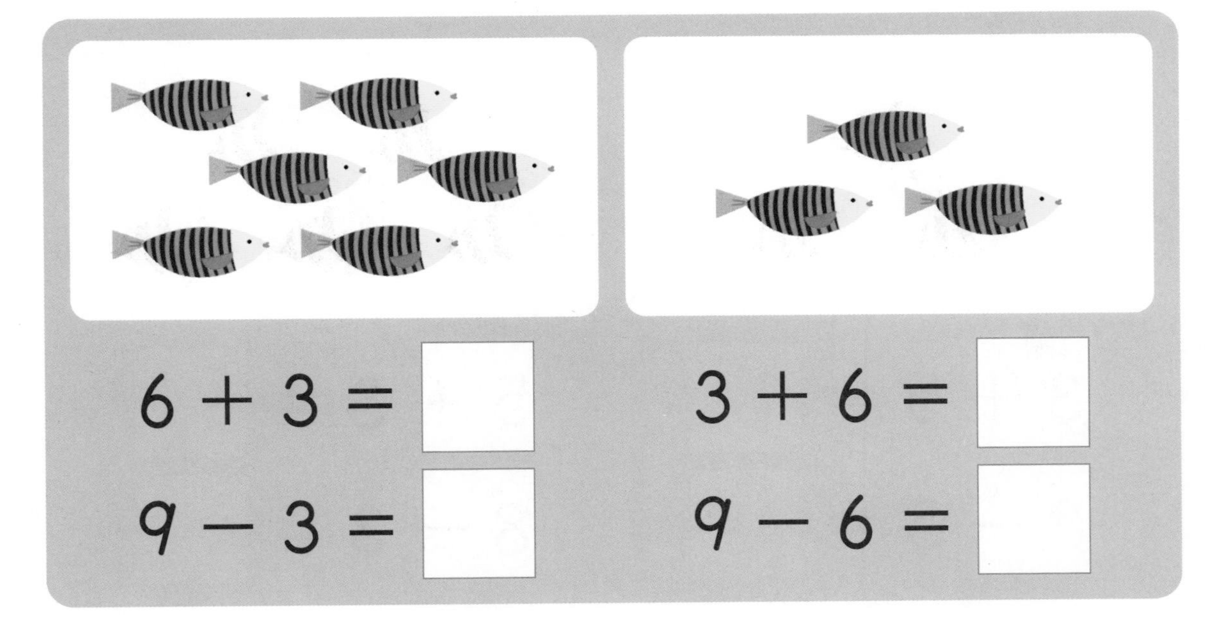

이름 :

날짜 :

확인

그림을 보고 더해 보기와 빼 보기를 하여 □ 안에 각각 알맞은 수를 써 보세요.

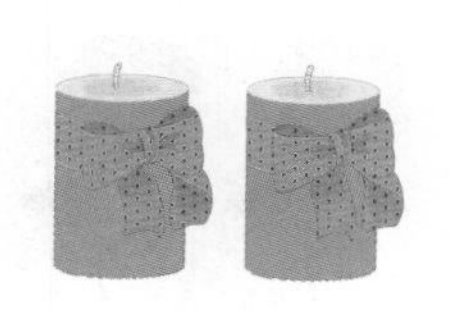

$5 + 2 = \square$

$7 - 2 = \square$

$2 + 5 = \square$

$7 - 5 = \square$

$4 + 1 = \square$

$5 - 1 = \square$

$1 + 4 = \square$

$5 - 4 = \square$

그림을 보고 더해 보기와 빼 보기를 하여 □ 안에 각각 알맞은 수를 써 보세요.

$2 + 6 = \square$

$8 - 6 = \square$

$6 + 2 = \square$

$8 - 2 = \square$

$3 + 4 = \square$

$7 - 4 = \square$

$4 + 3 = \square$

$7 - 3 = \square$

C2집을 모두 끝마쳤네요. 축하해요!
오늘은 특별한 날이니까 엄마에게 말씀드려
맛있는 걸 만들어 달라고 하세요.
그럼, 기탄 친구들 C3집에서 또 만나요!

사고력도 탄탄! 창의력도 탄탄!
기탄사고력수학
해답
[C61a~C120b]

※해답은 따로 보관하고 있다가 채점할 때 사용해 주세요.

61a

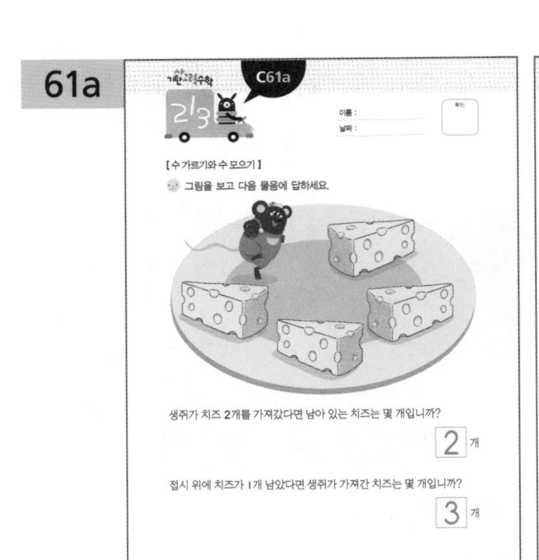

이해하기 수를 여러 가지 방법으로 가를 수 있음을 알게 하는 활동입니다.

해결하기 4는 2와 2, 1과 3으로 가를 수 있습니다.

61b

이해하기 수를 여러 가지 방법으로 가를 수 있음을 알게 하는 활동입니다.

해결하기 5는 1과 4, 2와 3으로 가를 수 있습니다.

62a

이해하기 수를 여러 가지 방법으로 가를 수 있음을 알게 하는 활동입니다.

해결하기 7은 1과 6, 3과 4로 가를 수 있습니다.

62b

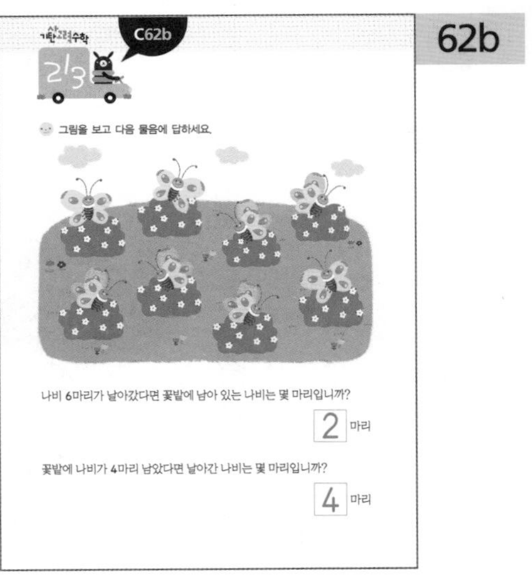

이해하기 수를 여러 가지 방법으로 가를 수 있음을 알게 하는 활동입니다.

해결하기 8은 6과 2, 4와 4로 가를 수 있습니다.

63a

이해하기 두 수를 모아 보면서 나중에 배울 더하기의 이해를 돕는 활동입니다.

해결하기 4와 2를 모으면 6이 됩니다.

63b

이해하기 두 수를 모아 보면서 나중에 배울 더하기의 이해를 돕는 활동입니다.

해결하기 5와 3을 모으면 8이 됩니다.

64a

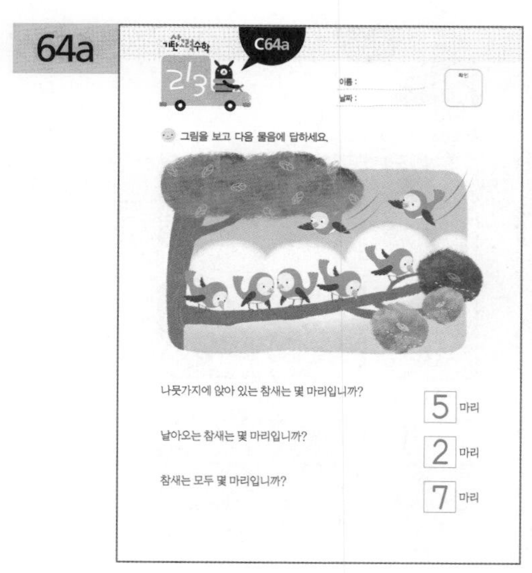

이해하기 두 수를 모아 보면서 나중에 배울 더하기의 이해를 돕는 활동입니다.

해결하기 5와 2를 모으면 7이 됩니다.

64b

이해하기 두 수를 모아 보면서 나중에 배울 더하기의 이해를 돕는 활동입니다.

해결하기 5와 4를 모으면 9가 됩니다.

65a

65b

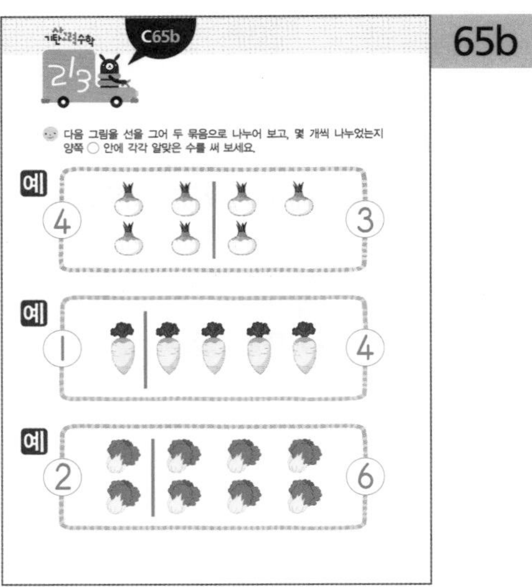

이해하기 여러 가지 방법으로 수 가르기를 해 보는 활동입니다.

해결하기 그림에 선을 그어 두 묶음으로 나누어 보고, 손가락으로 짚어 가며 각각 세어 봅니다. 답의 다양성을 생각하게 하여 가르기 하는 방법에는 여러 가지가 있다는 것을 알게 합니다.

66a

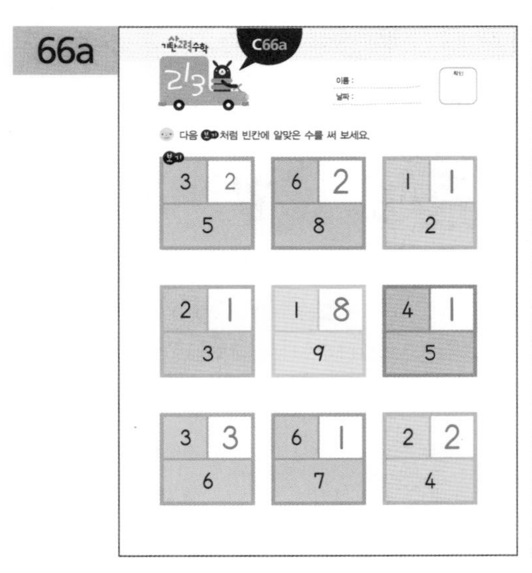

66b

이해하기 모아진 수를 보고 어떤 두 수를 모은 것인지 알아보는 활동입니다.

해결하기 모아진 수를 보고 어떤 두 수를 모아야 하는지 알아봅니다. 아이가 어려워하는 경우에는 ○를 그려서 생각해 보게 하면 쉽게 이해할 수 있습니다.

67a

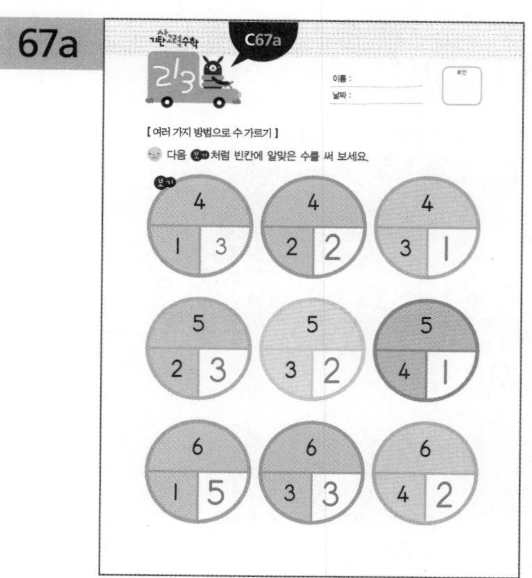

67b

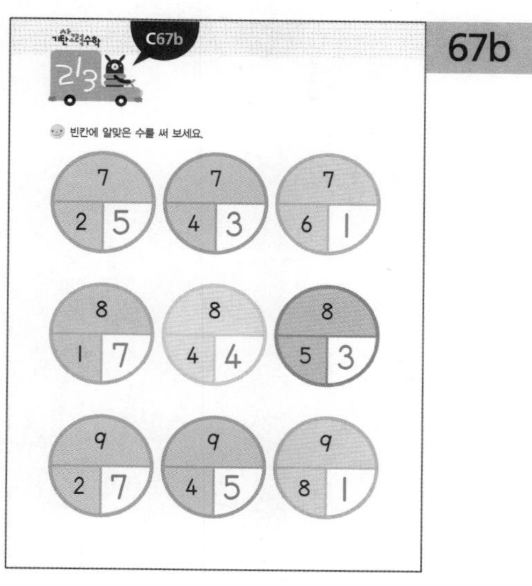

이해하기 주어진 수를 어떤 두 수로 가르기했는지 알아보는 활동입니다.

해결하기 주어진 수를 어떤 두 수로 가르기했는지 알아봅니다. 아이가 어려워하는 경우에는 ○를 그려서 생각해 보게 하면 쉽게 이해할 수 있습니다.

68a

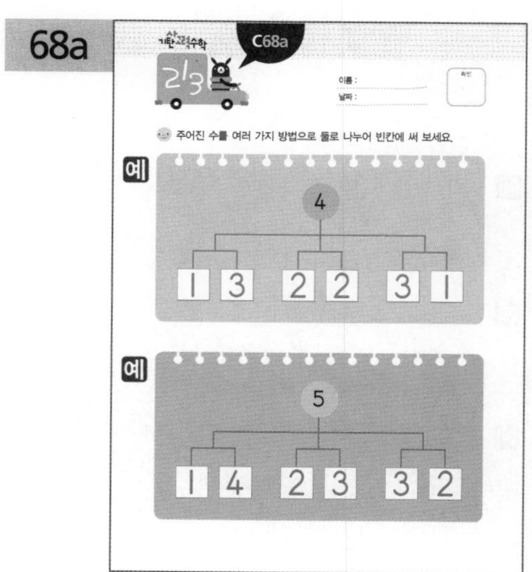

68b

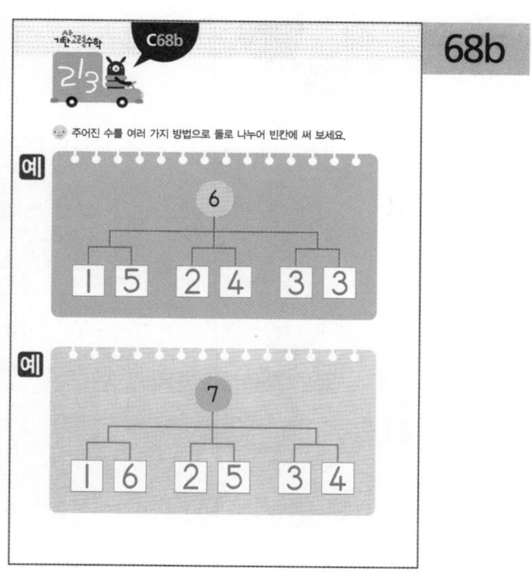

이해하기 주어진 수를 여러 가지 방법으로 가르기 하는 활동입니다.

해결하기 주어진 수를 여러 가지 방법으로 가르기 하여 봅니다. 답의 다양성을 생각하게 하여 가르기 하는 방법에는 여러 가지가 있다는 것을 알게 합니다.

69a

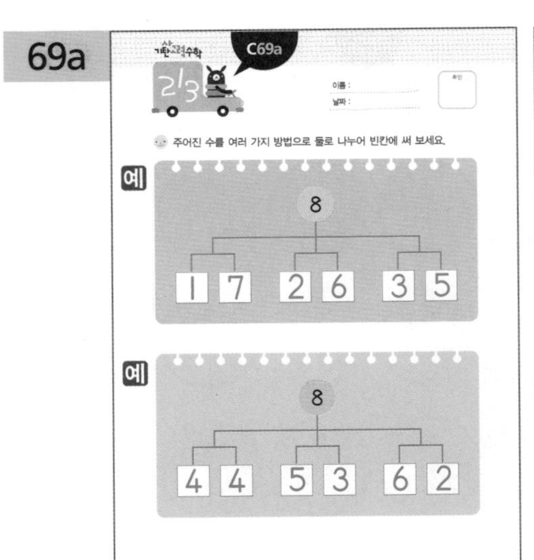

69b

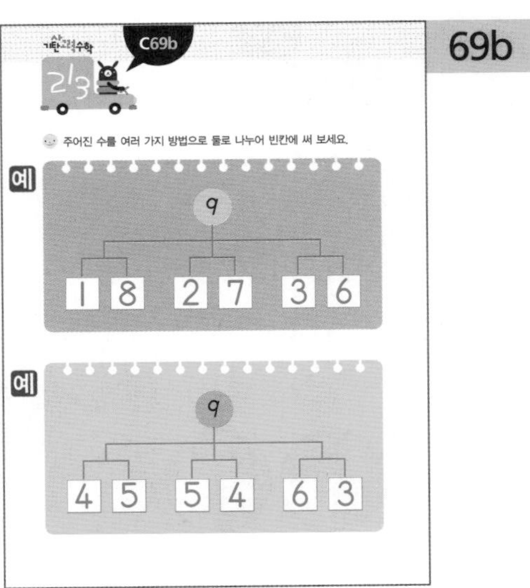

이해하기 주어진 수를 여러 가지 방법으로 가르기 하는 활동입니다.

해결하기 주어진 수를 여러 가지 방법으로 가르기 하여 봅니다. 답의 다양성을 생각하게 하여 가르기 하는 방법에는 여러 가지가 있다는 것을 알게 합니다.

70a

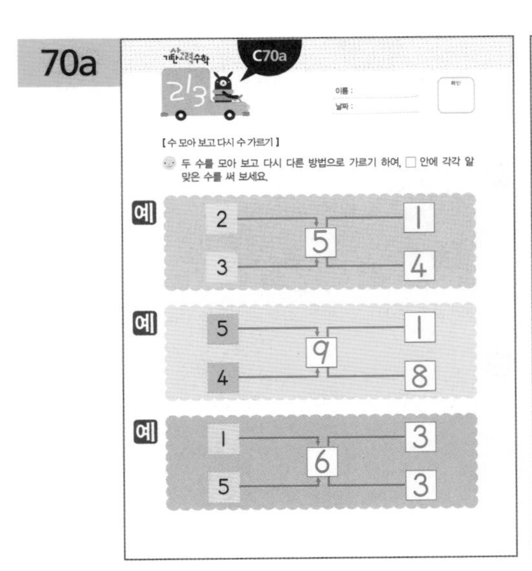

70b

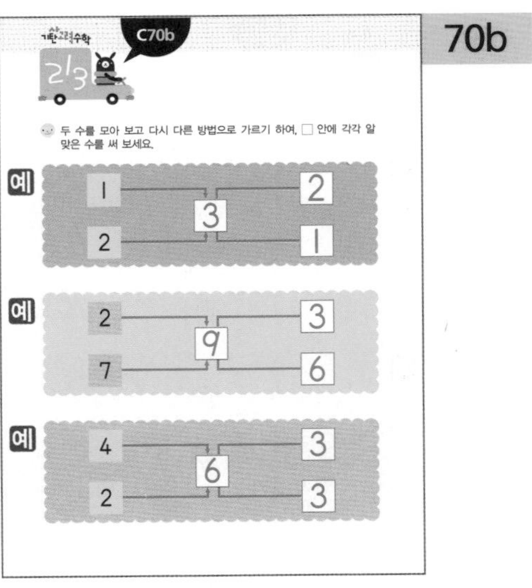

이해하기 두 수를 모아 보고, 모은 수를 모으기 전과 다른 방법으로 가르기 하는 활동입니다.

해결하기 두 수를 모아 보고, 모으기 전과 다른 방법으로 가르기 합니다. 답의 다양성을 생각하여 다양한 방법이 보여지도록 지도합니다.

71a

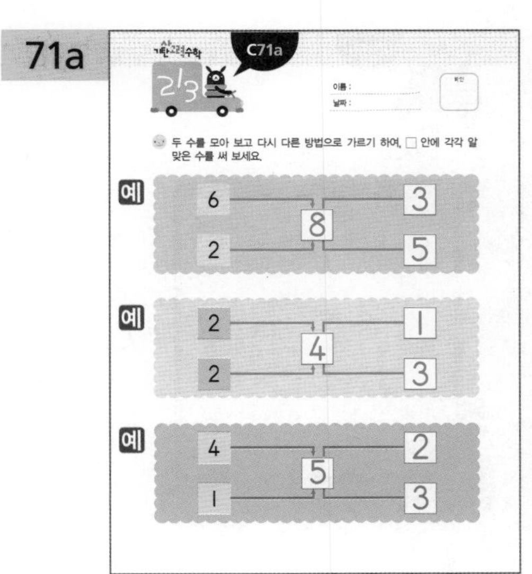

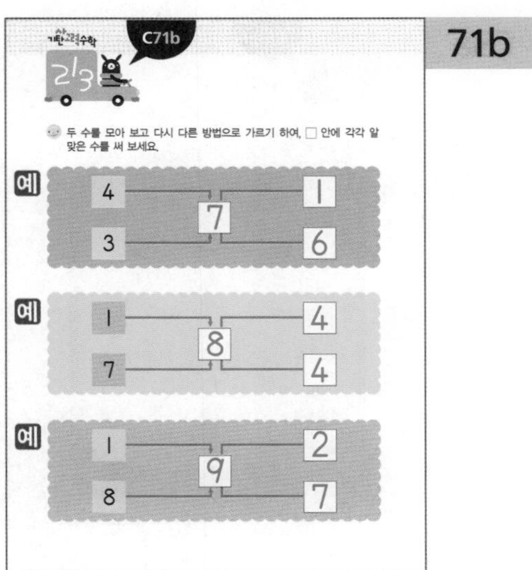

71b

이해하기 두 수를 모아 보고, 모은 수를 모으기 전과 다른 방법으로 가르기 하는 활동입니다.

해결하기 두 수를 모아 보고, 모은 수를 모으기 전과 다른 방법으로 가르기 합니다. 답의 다양성을 생각하여 다양한 방법이 보여지도록 지도합니다.

72a

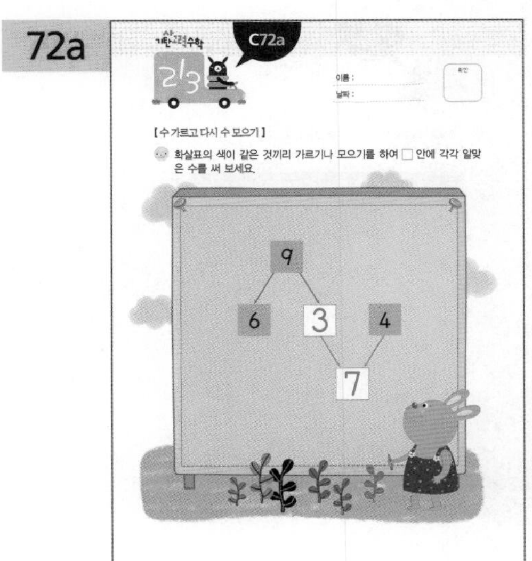

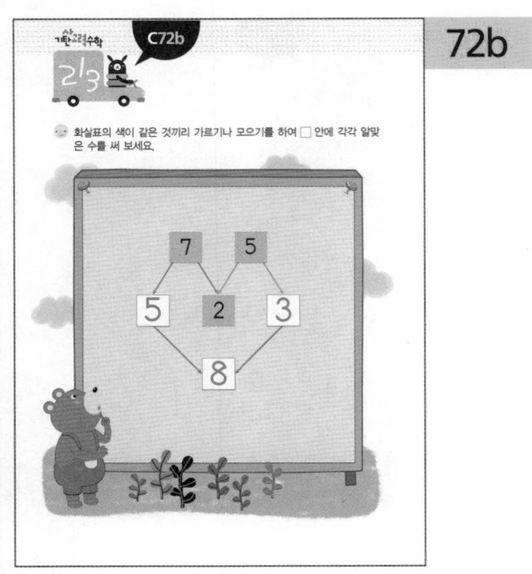

72b

이해하기 수를 가르고 다시 모으기 하여 덧셈과 뺄셈의 기초를 익히는 활동입니다.

해결하기 같은 색의 화살표 방향으로 수를 가르거나 모아서 □ 안에 각각 알맞은 수를 써넣습니다.

※해답은 따로 보관하고 있다가 채점할 때 사용해 주세요.

73a

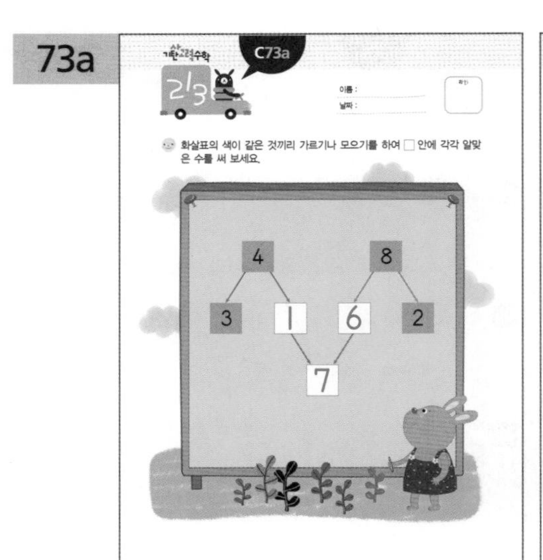

73b

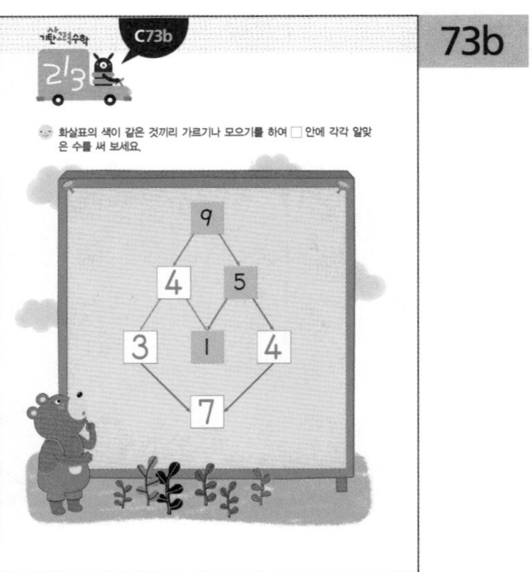

이해하기 수를 가르고 다시 모으기 하여 덧셈과 뺄셈의 기초를 익히는 활동입니다.

해결하기 같은 색의 화살표 방향으로 수를 가르거나 모아서 □ 안에 각각 알맞은 수를 써넣습니다.

74a

C74a

이름 :

날짜 :

확인

화살표의 색이 같은 것끼리 가르기나 모으기를 하여 □ 안에 각각 알맞은 수를 써 보세요.

3

4 2 1

6

74b

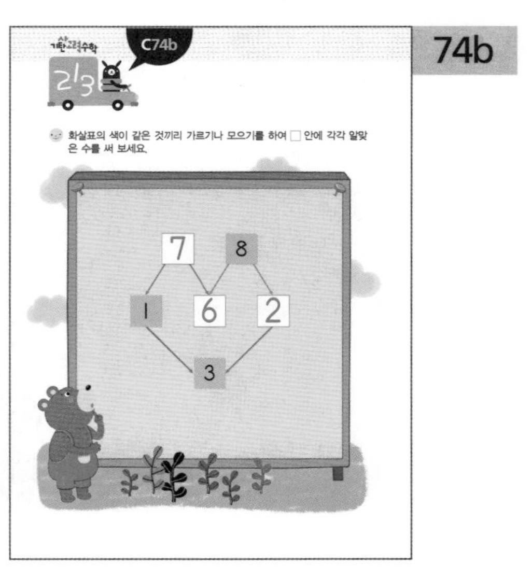

이해하기 수를 가르고 다시 모으기 하여 덧셈과 뺄셈의 기초를 익히는 활동입니다.

해결하기 같은 색의 화살표 방향으로 수를 가르거나 모아서 □ 안에 각각 알맞은 수를 써넣습니다.

75a

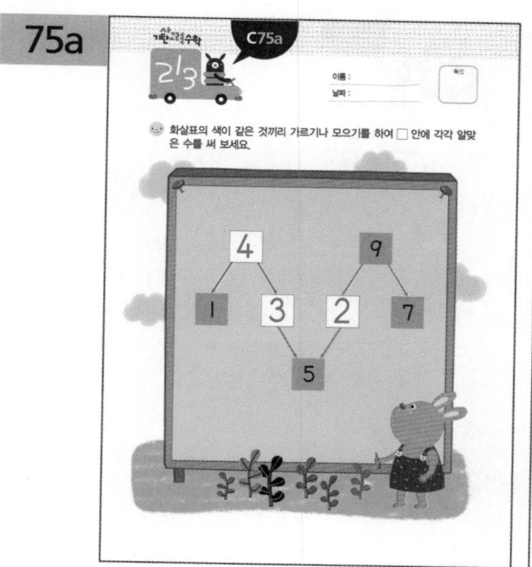

75b

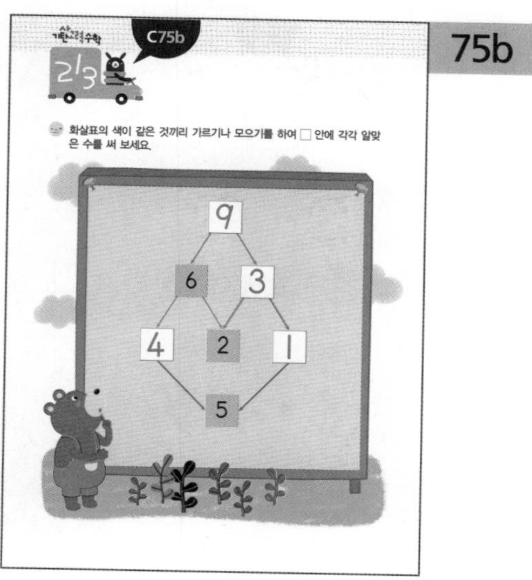

이해하기 수를 가르고 다시 모으기 하여 덧셈과 뺄셈의 기초를 익히는 활동입니다.

해결하기 같은 색의 화살표 방향으로 수를 가르거나 모아서 □ 안에 각각 알맞은 수를 써넣습니다.

76a

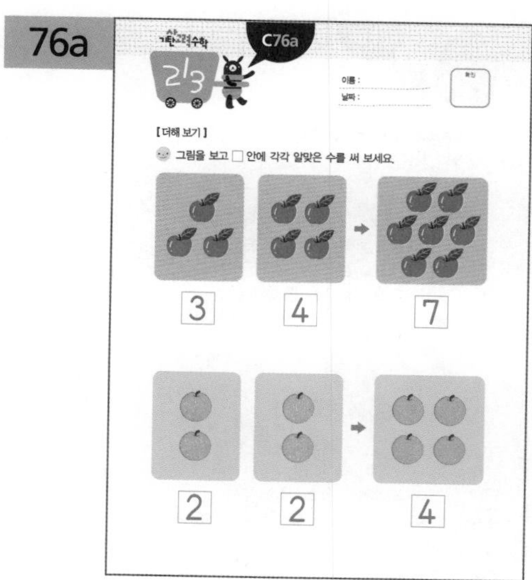

76b

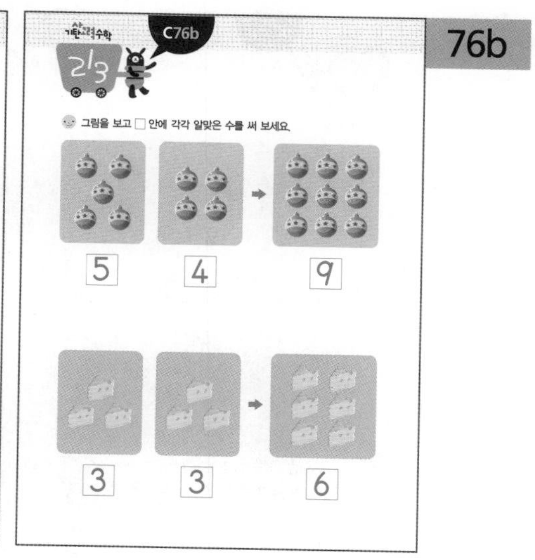

이해하기 각 그림의 수를 세어 보고, '더하다', '합하다' 등의 용어를 사용하여 전체의 수를 구하는 덧셈의 개념을 익히는 활동입니다.

해결하기 각 그림의 수를 손가락으로 짚어 가며 세어 보고, 전체의 수는 몇 개인지 세어 □ 안에 각각 알맞은 수를 써넣습니다.

※해답은 따로 보관하고 있다가 채점할 때 사용해 주세요.

77a

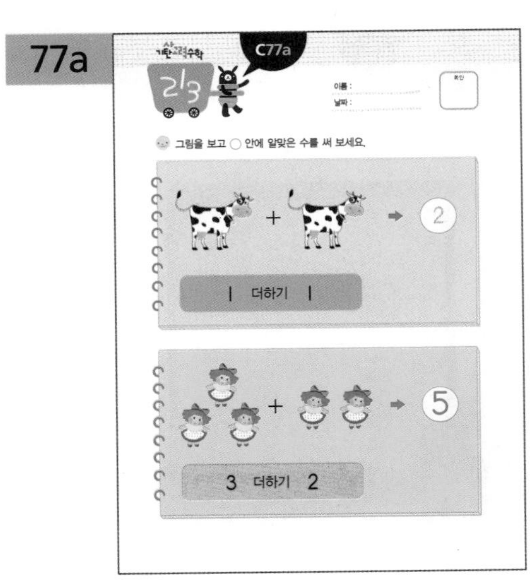

77b

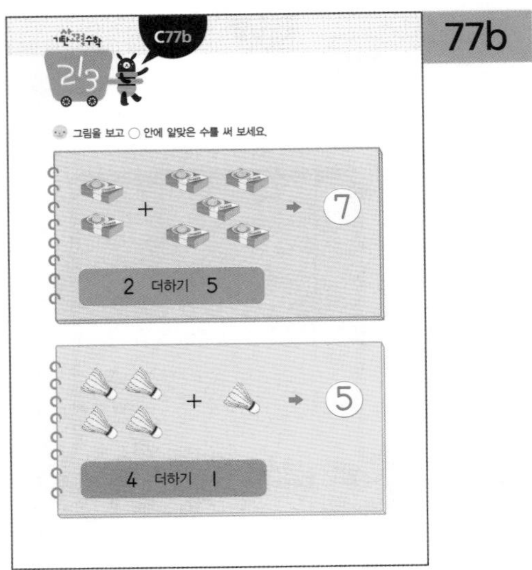

이해하기 '+(더하기)'의 개념을 이해하는 활동입니다.

해결하기 각 그림의 수와 '+'를 소리 내어 읽고 모두 몇 개인지 세어 ◯ 안에 써넣습니다.

78a

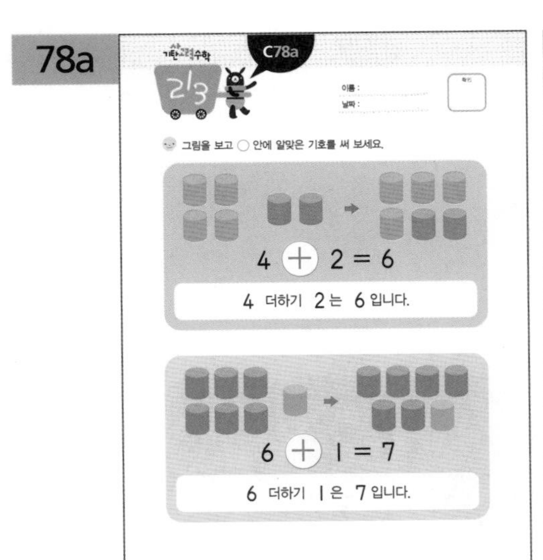

78b

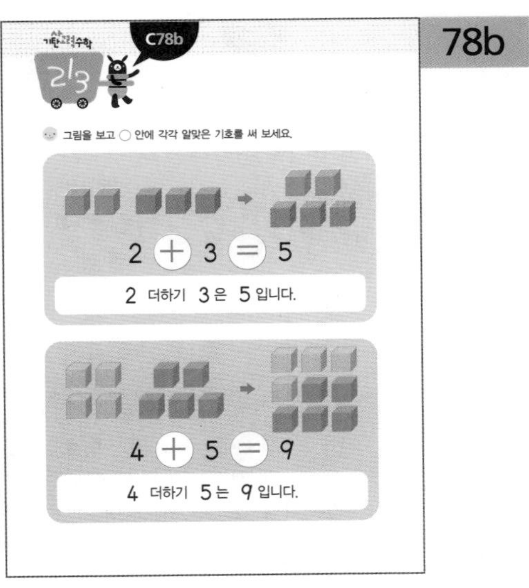

이해하기 기호를 사용하여 '더하다', '합하다'의 개념을 나타내어 보는 활동입니다.

해결하기 두 그림의 수를 더하여 전체 그림의 수를 알아볼 때 기호 '+', '='를 사용하여 나타냅니다.

79a

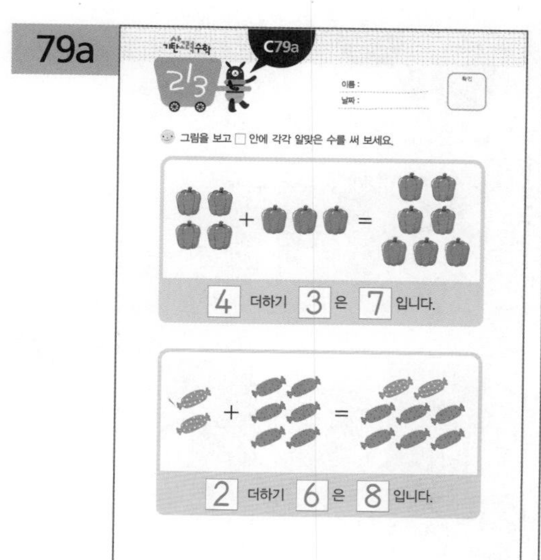

79b

이해하기 더하는 식을 소리 내어 읽어 보면서 더하기를 이해하는 활동입니다.

해결하기 그림의 수를 세어 □ 안에 써넣고, 전체 식을 소리 내어 읽게 합니다.

80a

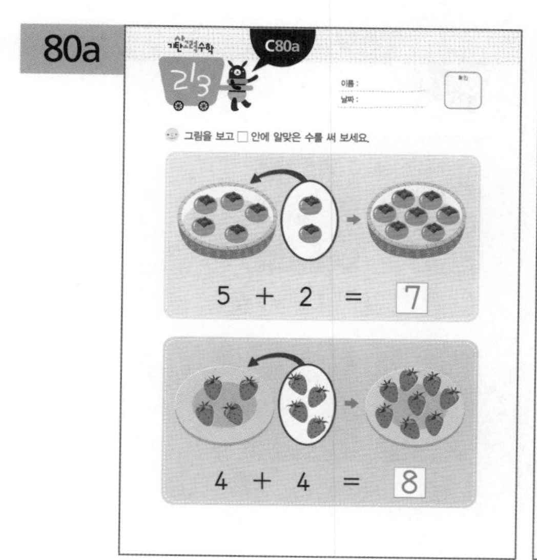

80b

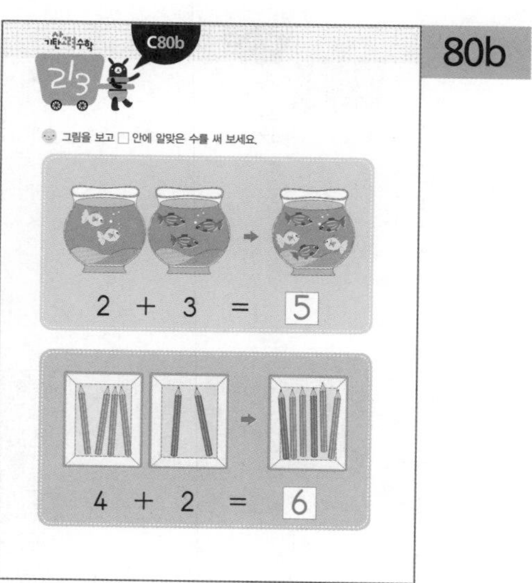

이해하기 그림을 보고 더하기를 식으로 나타내어 계산하는 활동입니다.

해결하기 처음 그림의 수에 몇 개가 더해졌는지 세어 봅니다. 그림을 식으로 나타낸 것을 보고 더하기를 하여 □ 안에 알맞은 수를 써넣습니다.

※해답은 따로 보관하고 있다가 채점할 때 사용해 주세요.

81a

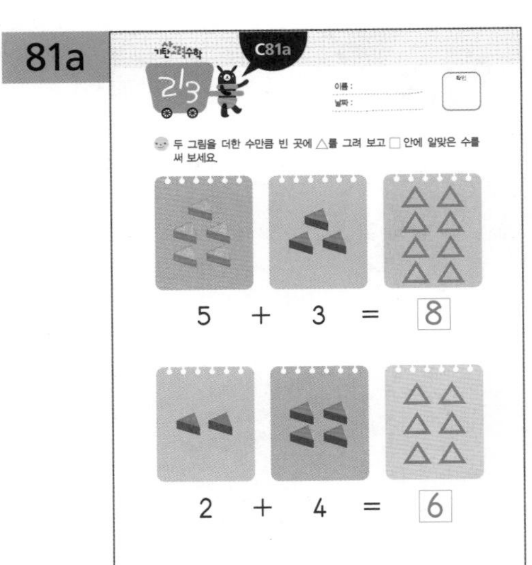

81b

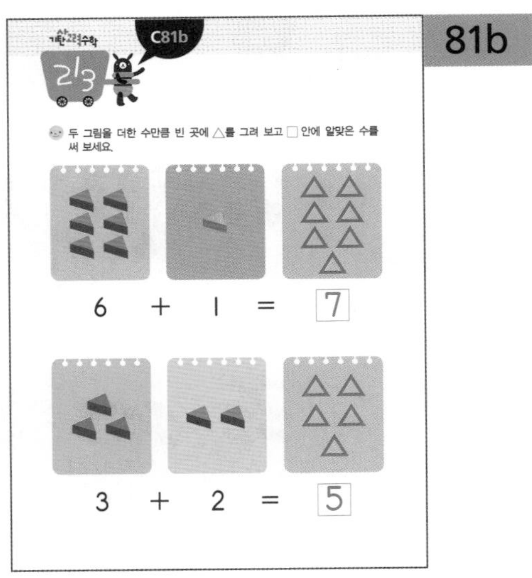

이해하기 전체 그림의 수만큼 그려 보면서 더하기를 계산하는 활동입니다.

해결하기 전체 그림의 수만큼 빈 곳에 △를 그려 보고, 더하기를 하여 □ 안에 알맞은 수를 써넣습니다.

82a

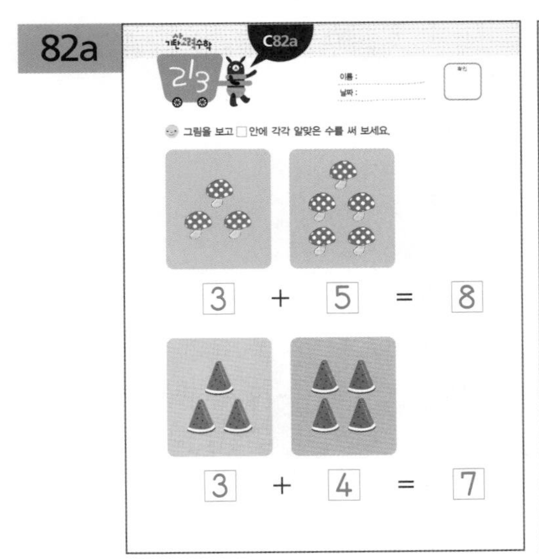

82b

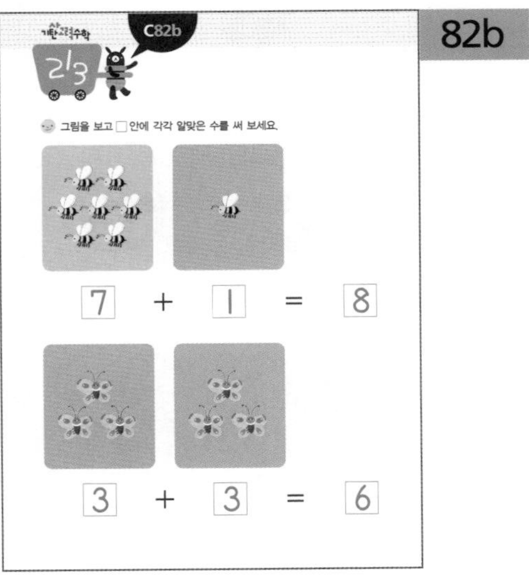

이해하기 그림을 보고 더하기를 계산하는 활동입니다.

해결하기 각각의 그림의 수를 세어 보고 전체 그림의 수를 구하는 식을 만들어 봅니다.

83a

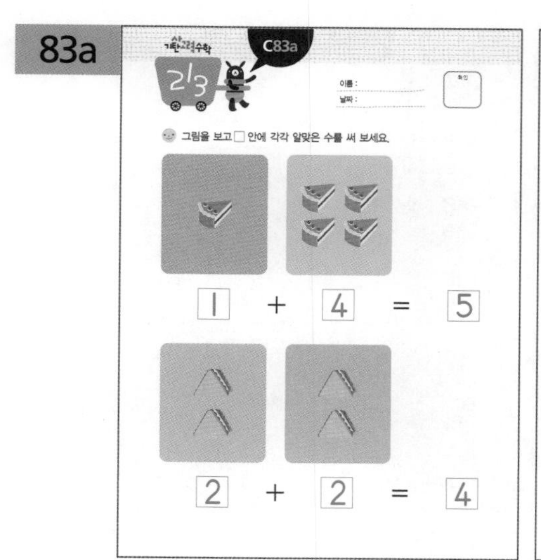

83b

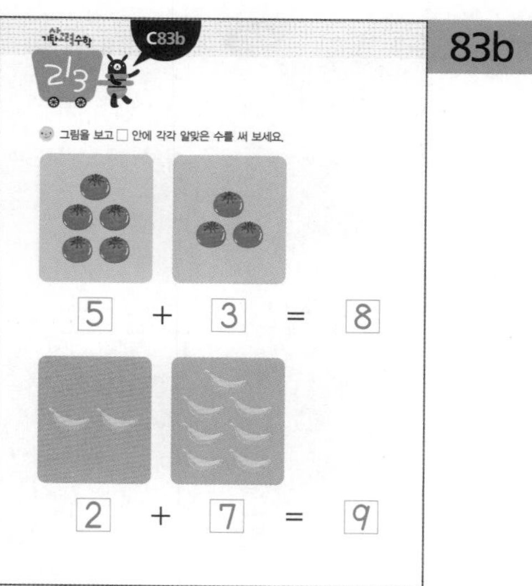

이해하기 그림을 보고 더하기를 계산하는 활동입니다.

해결하기 각각의 그림의 수를 세어 보고 전체 그림의 수를 구하는 식을 만들어 봅니다.

84a

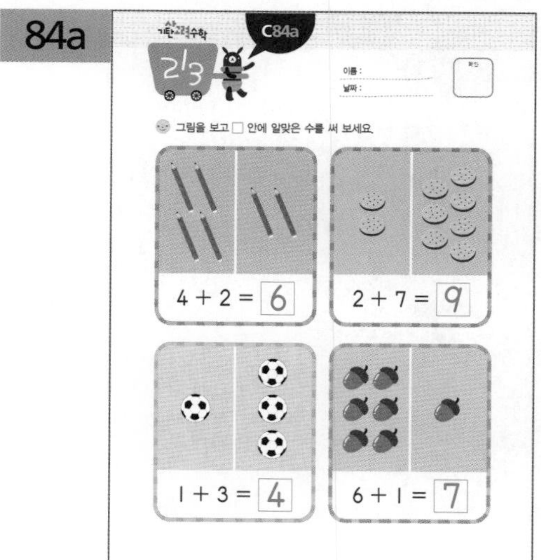

84b

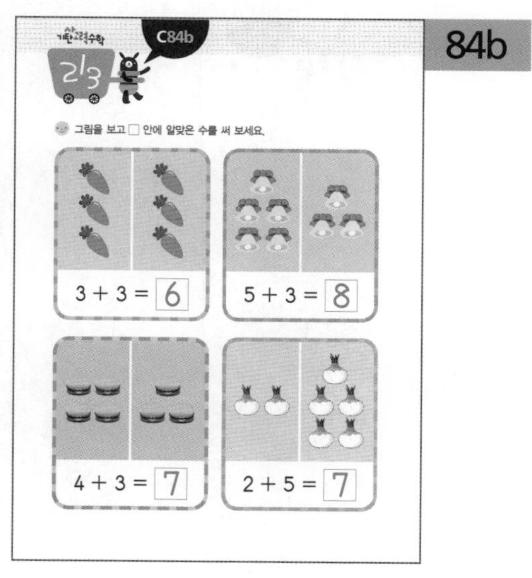

이해하기 그림을 보고 더하기를 계산하는 활동입니다.

해결하기 그림의 수를 세어 보고 더하기를 하여 □ 안에 알맞은 수를 써넣습니다.

※해답은 따로 보관하고 있다가 채점할 때 사용해 주세요.

85a

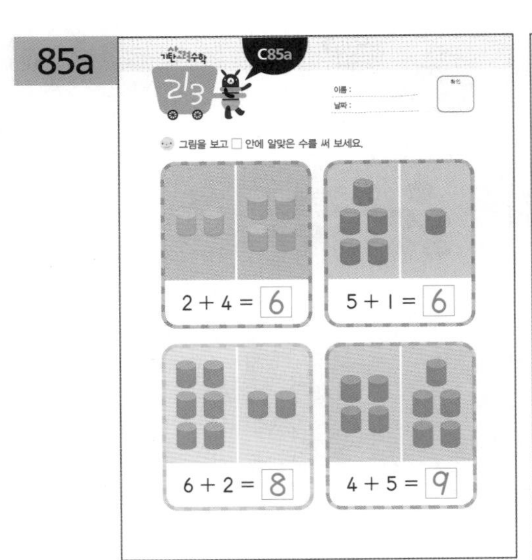

85b

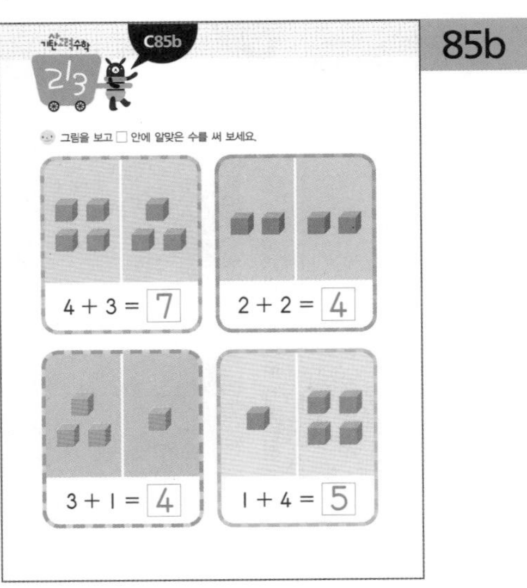

이해하기 그림을 보고 더하기를 계산하는 활동입니다.

해결하기 그림의 수를 세어 보고 더하기를 하여 □ 안에 알맞은 수를 써넣습니다.

86a

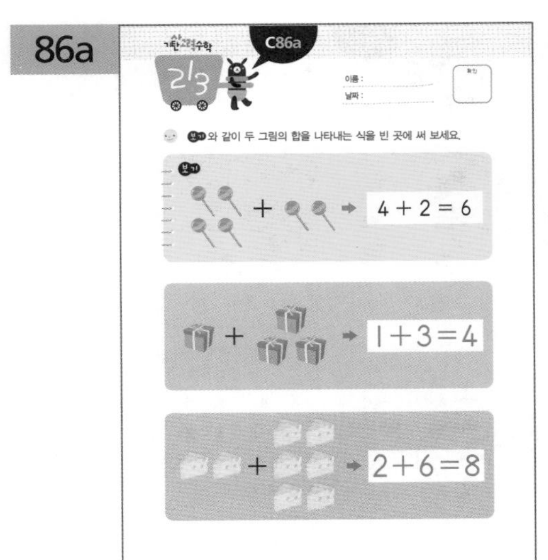

86b

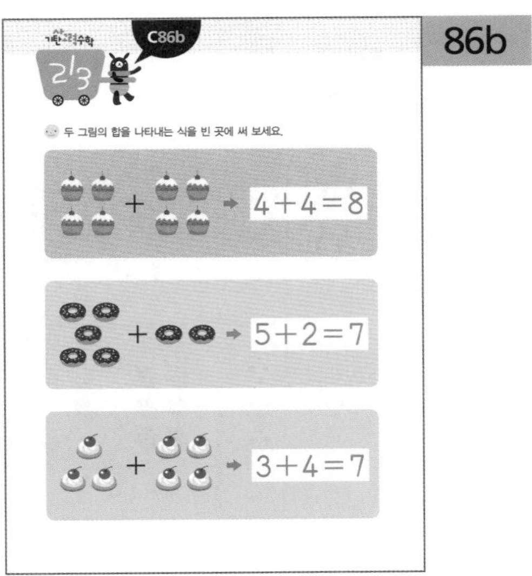

이해하기 그림을 보고 더하는 식을 써 보는 활동입니다.

해결하기 그림의 수를 세어 보고 '+', '='를 사용하여 식으로 나타냅니다.

87a

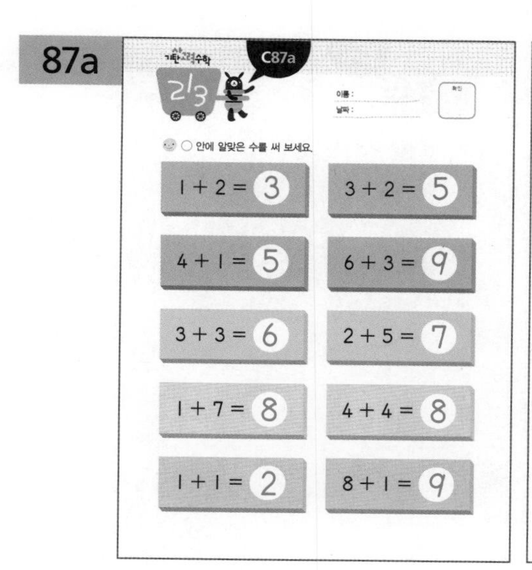

87b

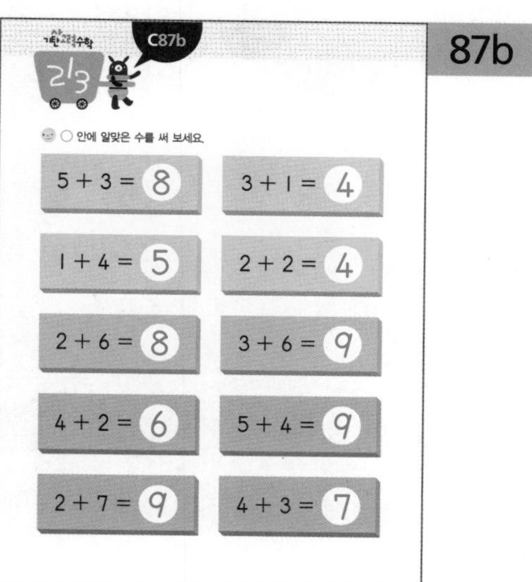

이해하기 더하기를 계산하는 활동입니다.

해결하기 식을 보고 더하기를 합니다. 계산하기 어려운 경우에는 ○를 그려가며 계산해 봅니다.

88a

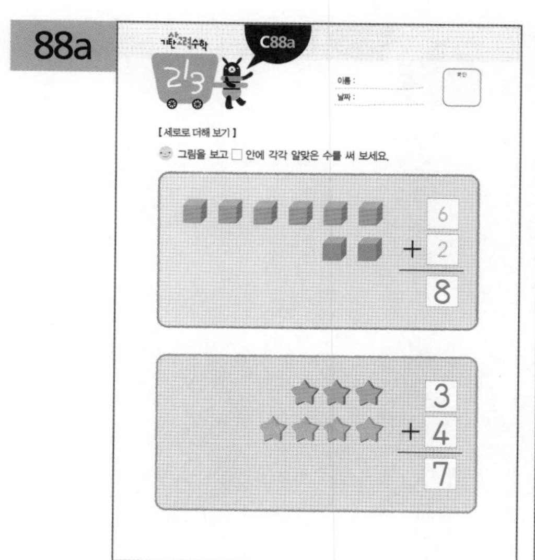

88b

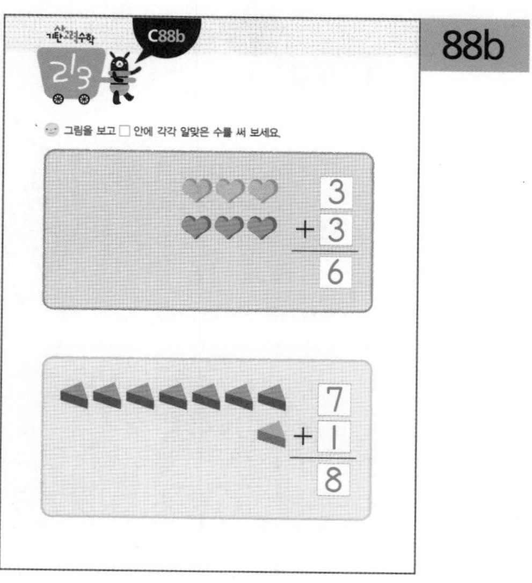

이해하기 더하기를 세로셈으로 나타내고 계산하는 활동입니다.

해결하기 그림의 수를 세어 보고, 더하는 식을 세로셈으로 만들어 계산합니다.

※해답은 따로 보관하고 있다가 채점할 때 사용해 주세요.

89a

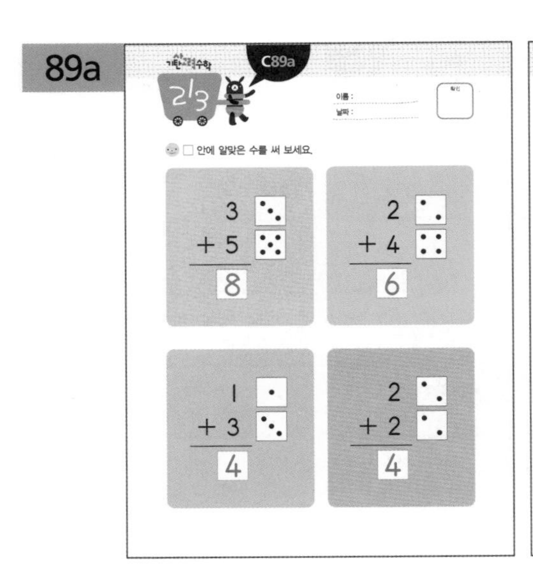

89b

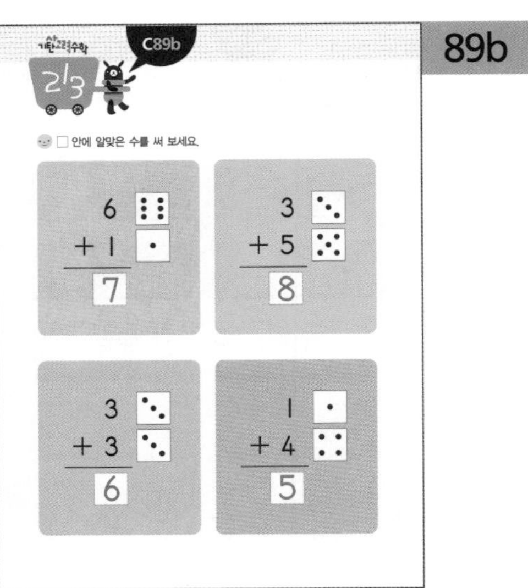

이해하기 더하기를 세로셈으로 계산하는 활동입니다.

해결하기 그림의 점의 수를 세어 보고, 더하는 식을 세로셈으로 만들어 계산합니다.

90a

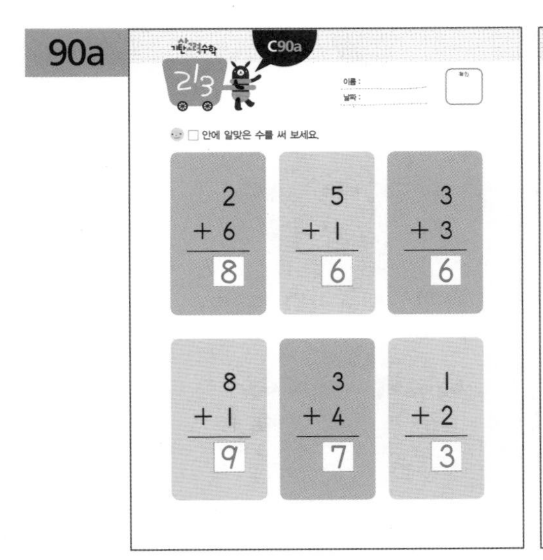

90b

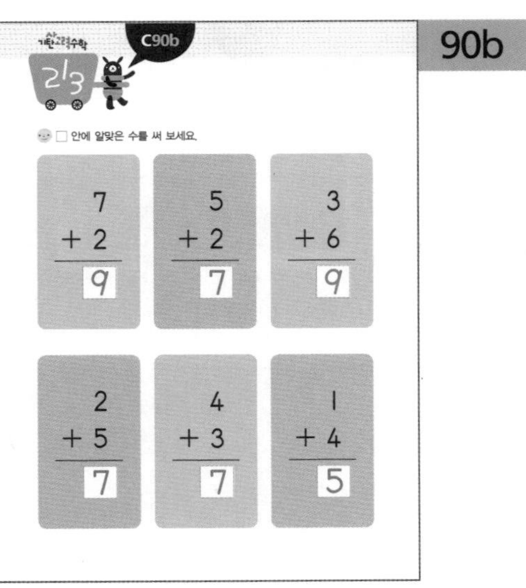

이해하기 더하기를 세로셈으로 계산하는 활동입니다.

해결하기 식을 보고 더하기를 합니다. 계산하기 어려운 경우에는 ○를 그려가며 계산해 봅니다.

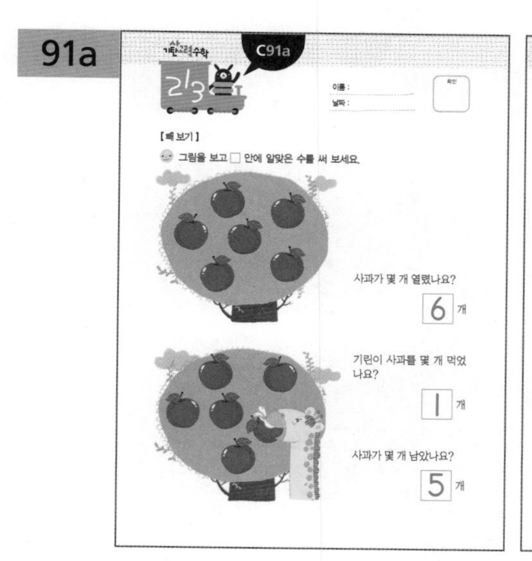

이해하기 그림의 수를 세어 보고, '빼다', '줄어들다' 등의 용어를 사용하여 뺄셈의 개념을 익힐 수 있도록 합니다.

해결하기 그림의 수를 손가락으로 짚어 가며 세어 보고 □ 안에 알맞은 수를 써넣습니다.

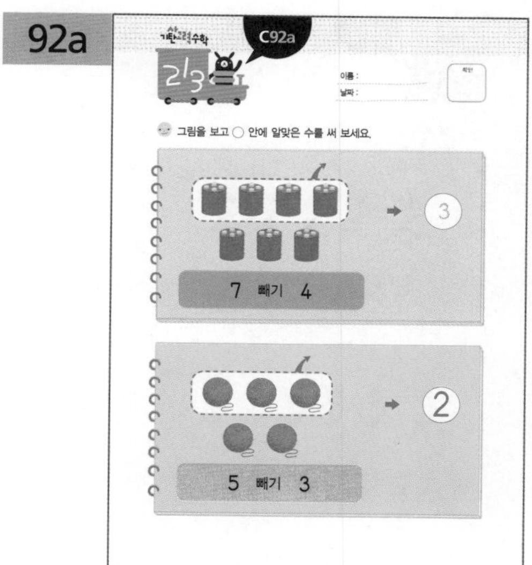

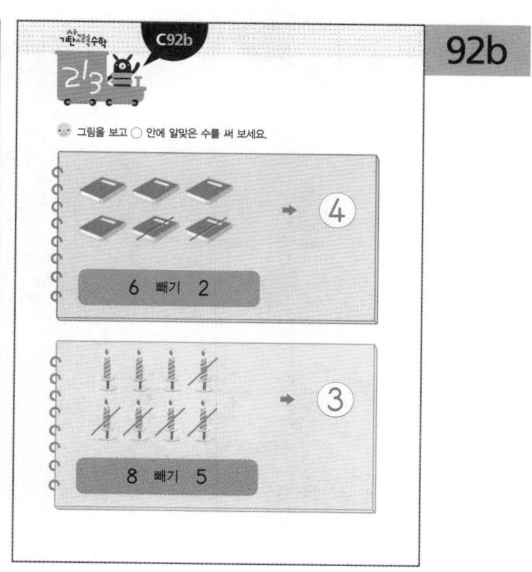

이해하기 '−(빼기)'의 개념을 이해하는 활동입니다.

해결하기 각 그림의 수와 '−'를 소리 내어 읽어 가며 덜어 내고 남은 수는 몇 개인지 세어 ○ 안에 써넣습니다.

※해답은 따로 보관하고 있다가 채점할 때 사용해 주세요.

93a

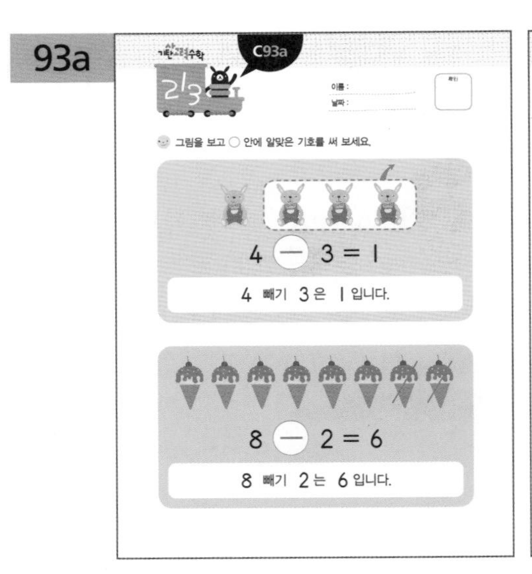

93b

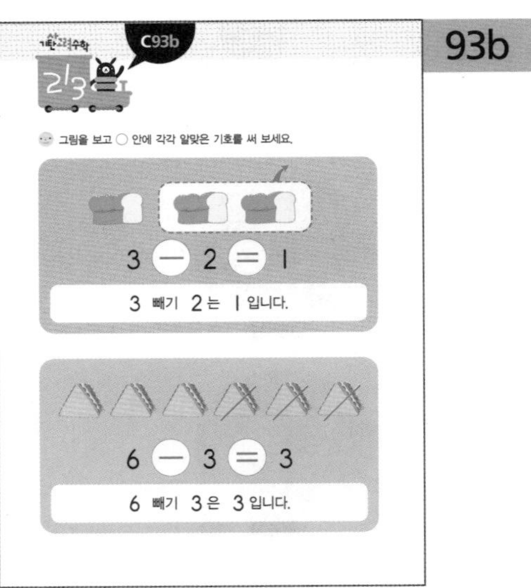

이해하기 '빼다', '덜어 내다'의 개념을 기호를 사용하여 나타내어 보는 활동입니다.

해결하기 처음 그림에서 덜어 내고 남은 그림의 수를 알아보는 상황을 '−', '='를 사용하여 나타냅니다.

94a

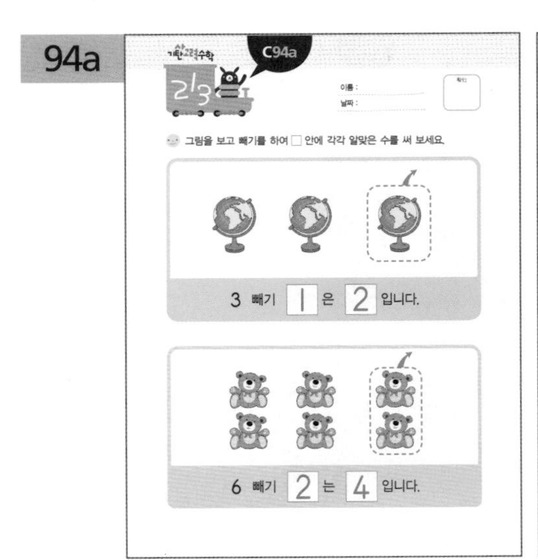

94b

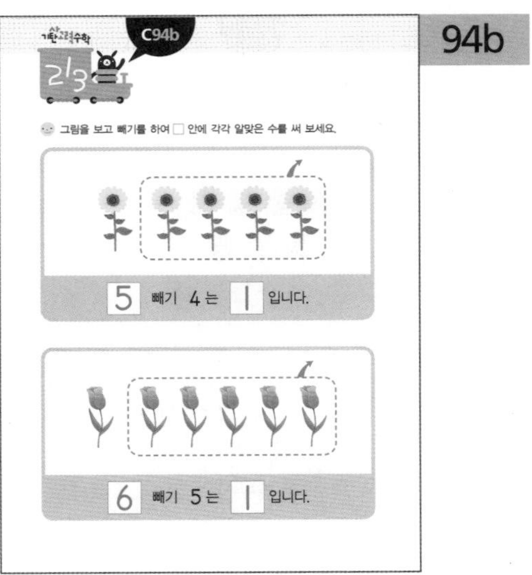

이해하기 빼는 식을 소리 내어 읽어 보면서 빼기를 이해하는 활동입니다.

해결하기 그림에서 덜어 내는 수 또는 전체의 수와 덜어 내고 남은 수를 세어 □ 안에 써넣고, 전체 식을 소리 내어 읽게 합니다.

95a

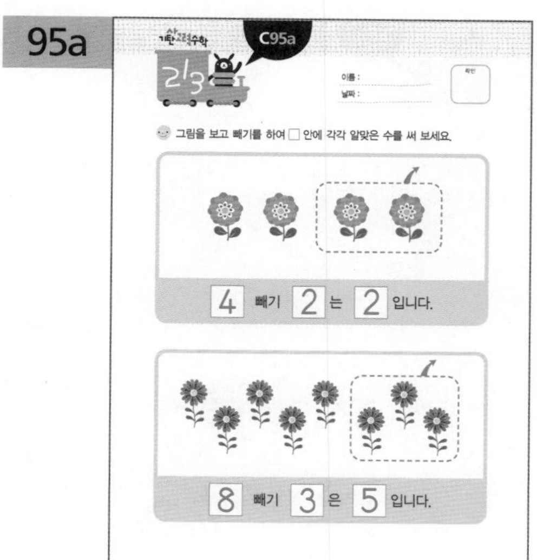

95b

이해하기 빼는 식을 소리 내어 읽어 보면서 빼기를 이해하는 활동입니다.

해결하기 그림에서 전체의 수와 덜어 내는 수와 남은 수를 세어 □ 안에 써넣고, 전체 식을 소리 내어 읽게 합니다.

96a

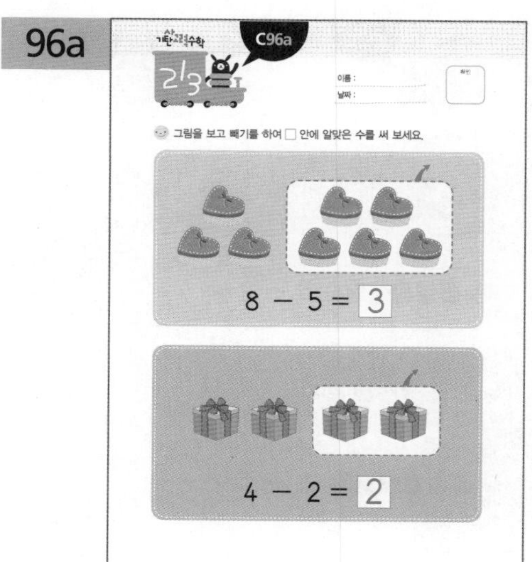

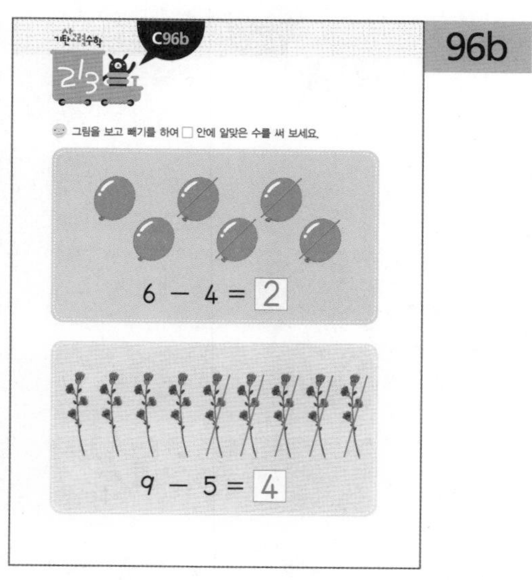

96b

이해하기 그림을 보고 빼기를 식으로 나타내어 계산하는 활동입니다.

해결하기 그림에서 전체의 수에서 몇 개를 덜어 내고 몇 개가 남았는지 세어 봅니다. 그림을 식으로 나타낸 것을 보고 빼기를 하여 □ 안에 알맞은 수를 써넣습니다.

97a

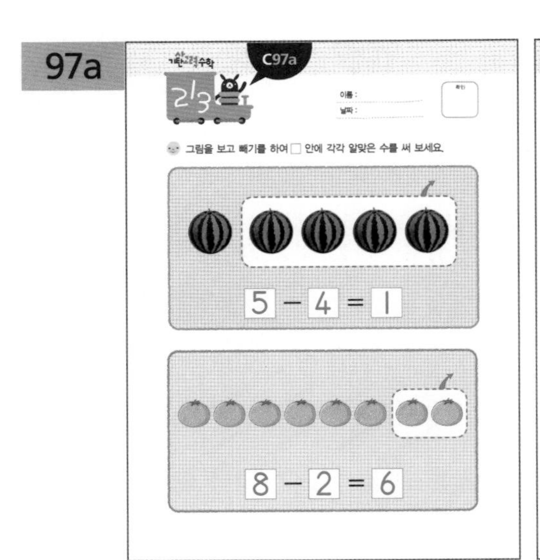

97b

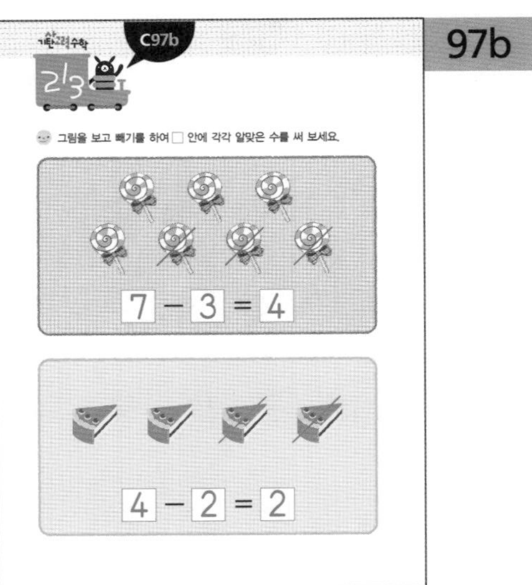

이해하기 그림을 보고 빼기를 계산하는 활동입니다.

해결하기 그림에서 전체의 수에서 몇 개를 덜어 내고 몇 개가 남았는지 세어 보고, 빼는 식을 만들어 봅니다.

98a

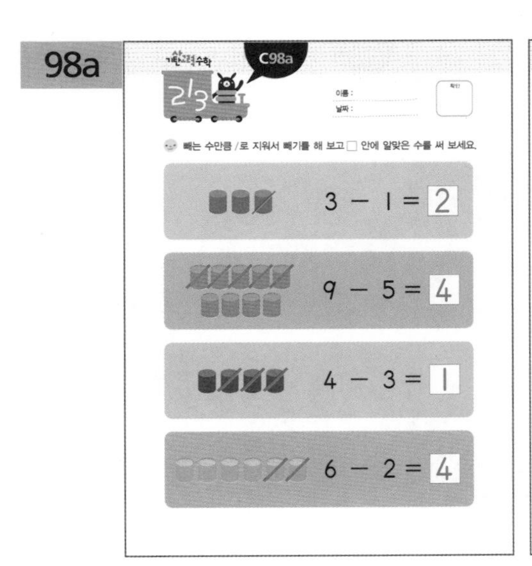

98b

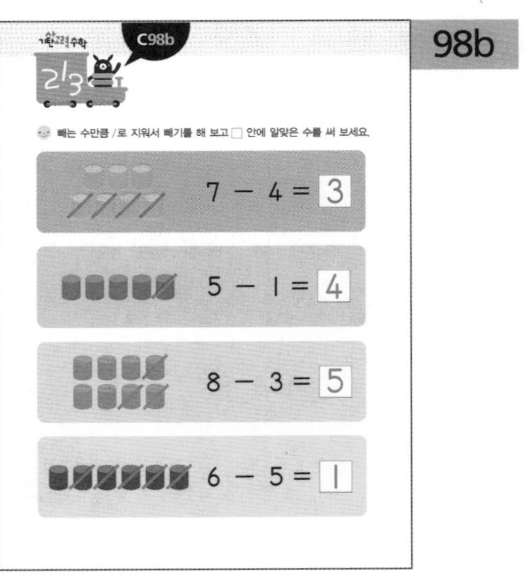

이해하기 그림을 보고 빼기를 계산하는 활동입니다.

해결하기 그림에서 빼는 수만큼 /로 지워 보고 남은 수를 세어 □ 안에 알맞은 수를 써넣습니다.

99a

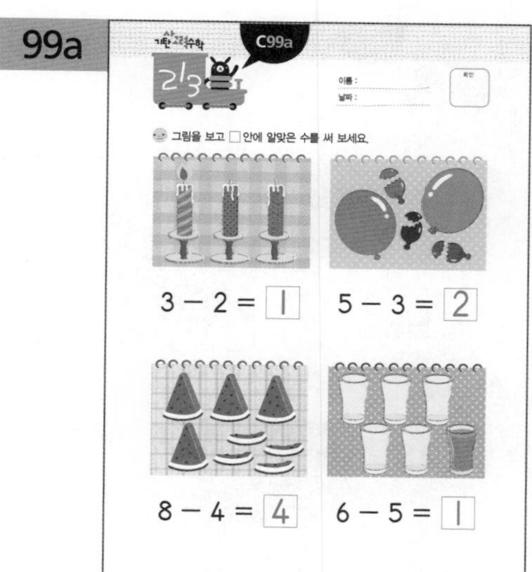

99b

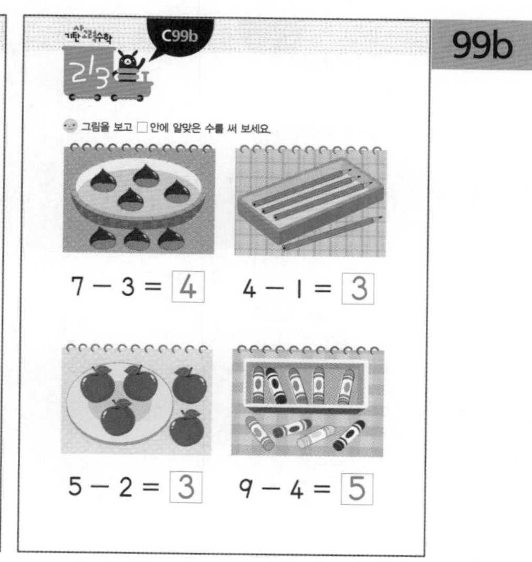

이해하기 그림을 보고 빼기를 계산하는 활동입니다.

해결하기 그림의 수를 세어 빼기를 하고 □ 안에 알맞은 수를 써넣습니다.

100a

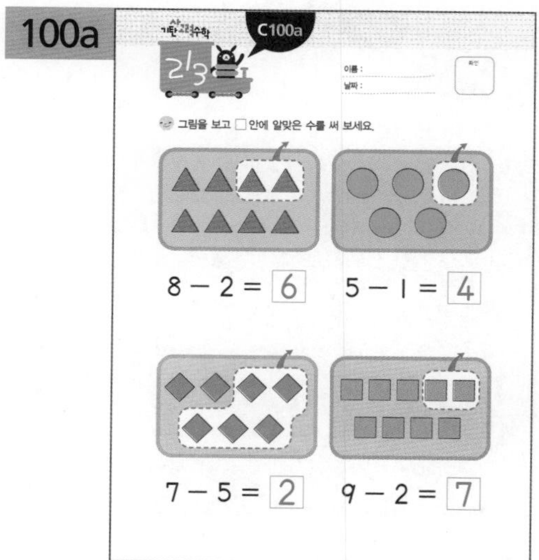

100b

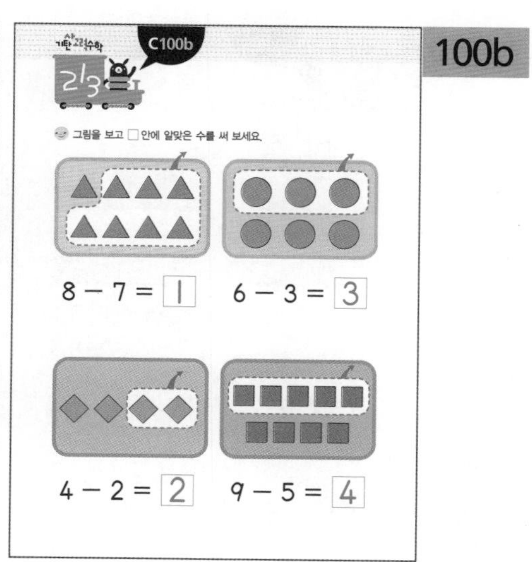

이해하기 그림을 보고 빼기를 계산하는 활동입니다.

해결하기 그림의 수를 세어 빼기를 하고 □ 안에 알맞은 수를 써넣습니다.

C2 해답

※해답은 따로 보관하고 있다가 채점할 때 사용해 주세요.

101a

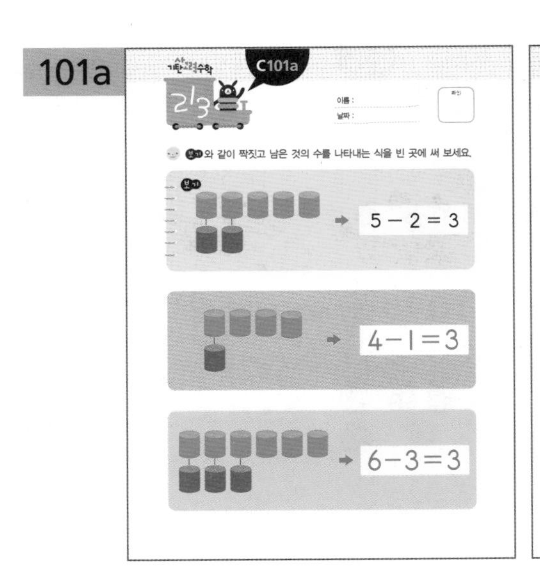

101b

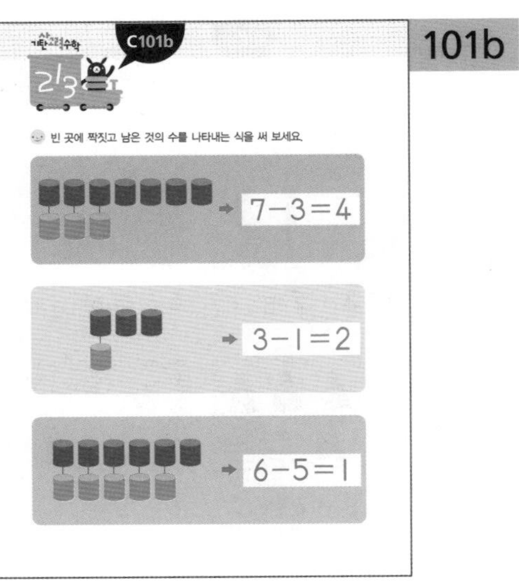

이해하기 두 그림의 수를 비교하여 빼기를 계산하는 활동입니다.

해결하기 ■과 ■을 하나씩 짝지어 보고 두 그림의 차를 식으로 나타냅니다.

102a

C102a

이름 :
날짜 :
확인

○ 안에 알맞은 수를 써 보세요.

$6-5=1$	$3-1=2$
$8-5=3$	$4-3=1$
$7-2=5$	$9-4=5$
$5-2=3$	$8-1=7$
$6-4=2$	$7-5=2$

102b

C102b

○ 안에 알맞은 수를 써 보세요.

$4-2=2$	$7-1=6$
$9-7=2$	$6-3=3$
$5-4=1$	$8-2=6$
$2-1=1$	$9-3=6$
$3-2=1$	$8-4=4$

이해하기 빼기를 계산하는 활동입니다.

해결하기 식을 보고 빼기를 합니다. 계산하기 어려운 경우에는 ○를 그려서 빼는 수만큼 지워 가며 계산해 봅니다.

103a

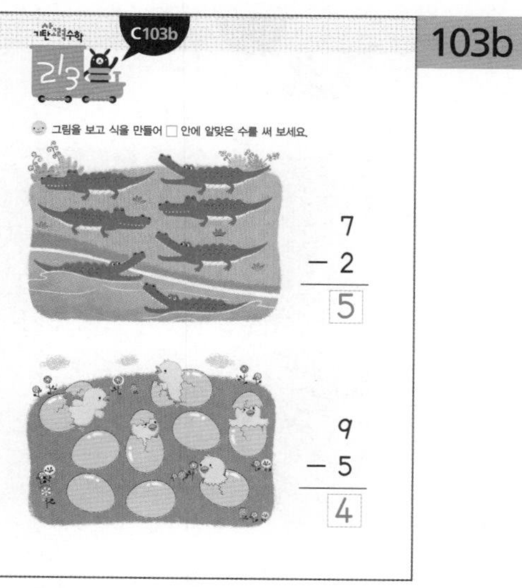

103b

이해하기 빼기를 세로셈으로 나타내고 계산하는 활동입니다.

해결하기 그림의 수를 세어 보고, 빼는 식을 세로셈으로 만들어 계산해 봅니다.

104a

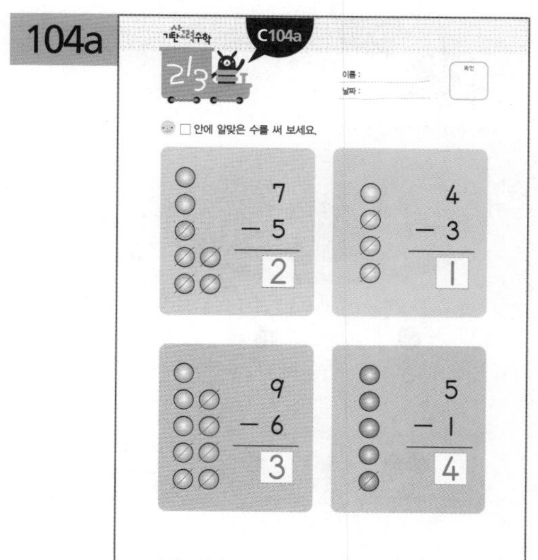

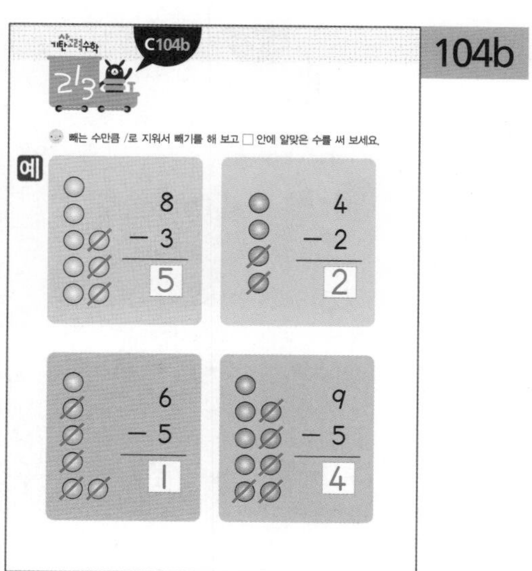

104b

이해하기 빼기를 세로셈으로 나타내고 계산하는 활동입니다.

해결하기 그림에서 빼는 수만큼 /로 지우고 남은 수를 세어 □ 안에 써넣습니다.

※해답은 따로 보관하고 있다가 채점할 때 사용해 주세요.

105a

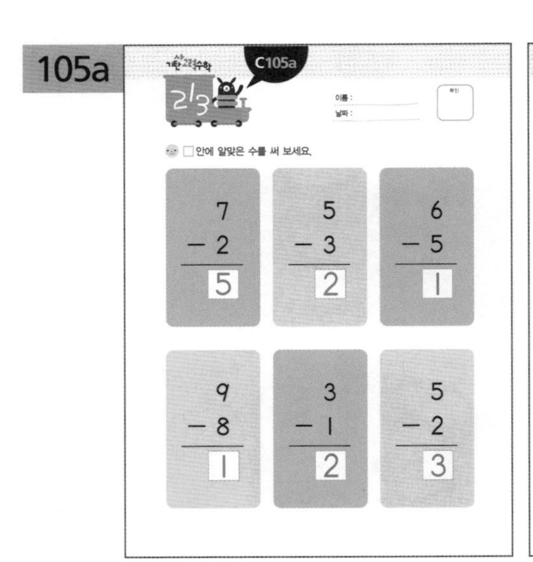

105b

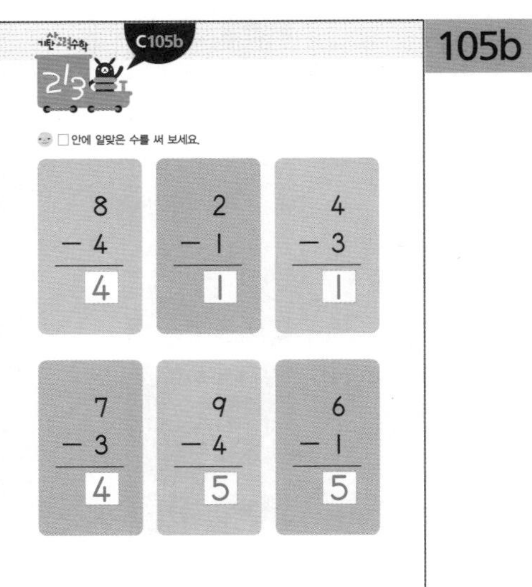

이해하기 빼기를 세로셈으로 계산하는 활동입니다.

해결하기 식을 보고 빼기를 합니다. 계산하기 어려운 경우에는 ○를 그려서 빼는 수만큼 지워 가며 계산해 봅니다.

106a

106b

이해하기 더하기와 빼기의 관계를 알아보는 활동입니다.

해결하기 전체의 수를 알아보는 식은 '+'를 사용하여 만들어 보고, 이를 통해 나비 또는 사과의 수를 알아보는 식은 '−'를 사용하여 만들어 봅니다.

107a

107b

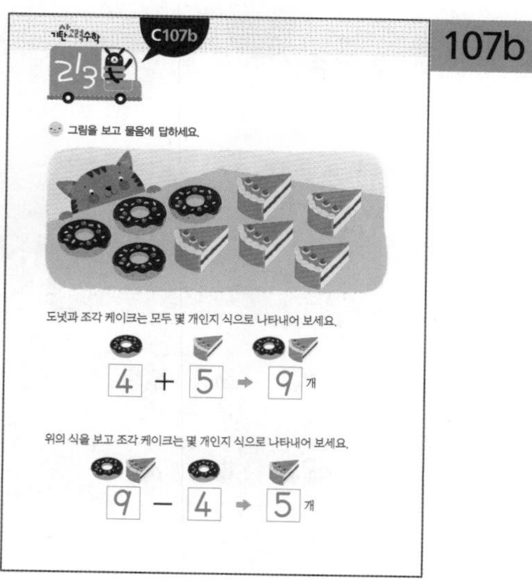

이해하기 더하기와 빼기의 관계를 알아보는 활동입니다.

해결하기 전체의 수를 알아보는 식은 '+'를 사용하여 만들어 보고, 이를 통해 토끼 인형 또는 조각 케이크의 수를 알아보는 식은 '−'를 사용하여 만들어 봅니다.

108a

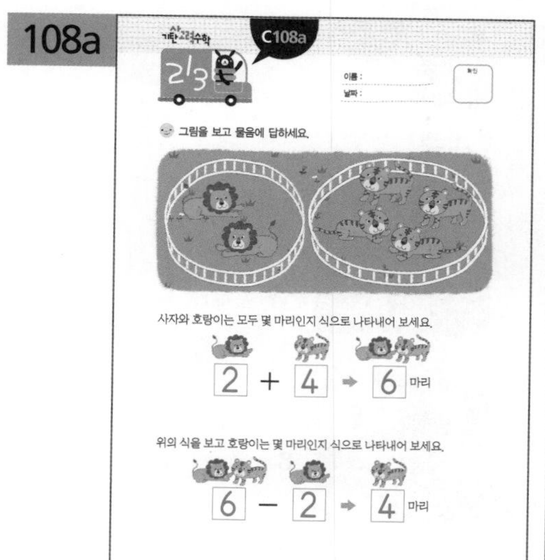

108b

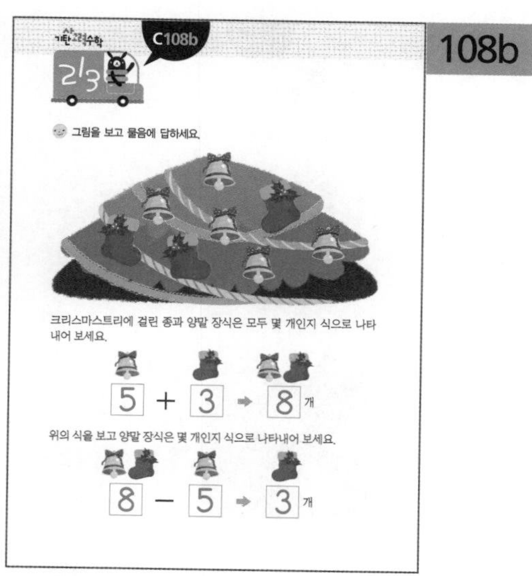

이해하기 더하기와 빼기의 관계를 알아보는 활동입니다.

해결하기 전체의 수를 알아보는 식은 '+'를 사용하여 만들어 보고, 이를 통해 호랑이 또는 양말 장식의 수를 알아보는 식은 '−'를 사용하여 만들어 봅니다.

※해답은 따로 보관하고 있다가 채점할 때 사용해 주세요.

109a

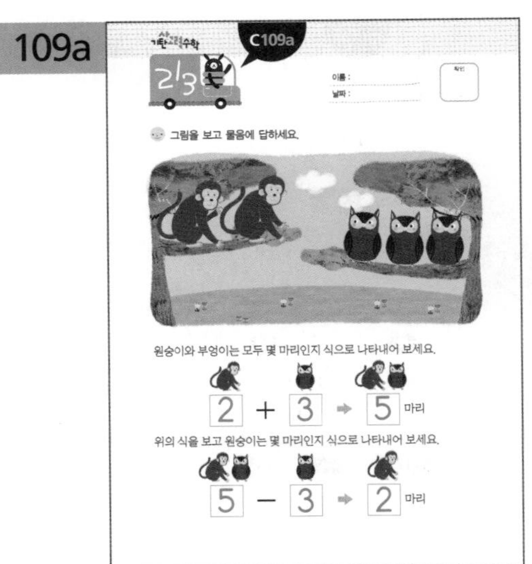

109b

이해하기 더하기와 빼기의 관계를 알아보는 활동입니다.

해결하기 전체의 수를 알아보는 식은 '+'를 사용하여 만들어 보고, 이를 통해 원숭이 또는 장미꽃의 수를 알아보는 식은 '−'를 사용하여 만들어 봅니다.

110a

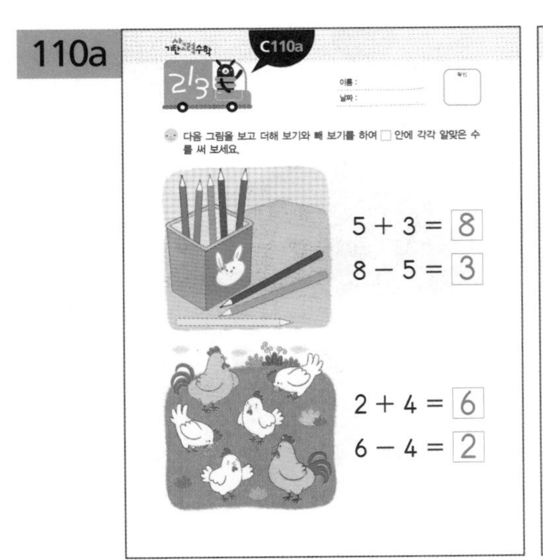

110b

이해하기 더하기와 빼기의 관계를 알아보는 활동입니다.

해결하기 그림을 보고 더해 보기와 빼 보기를 하여 두 식 사이의 관계를 알아봅니다.

111a

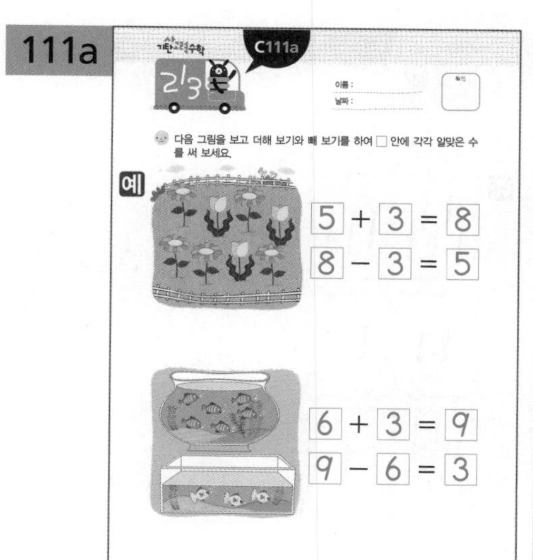

111b

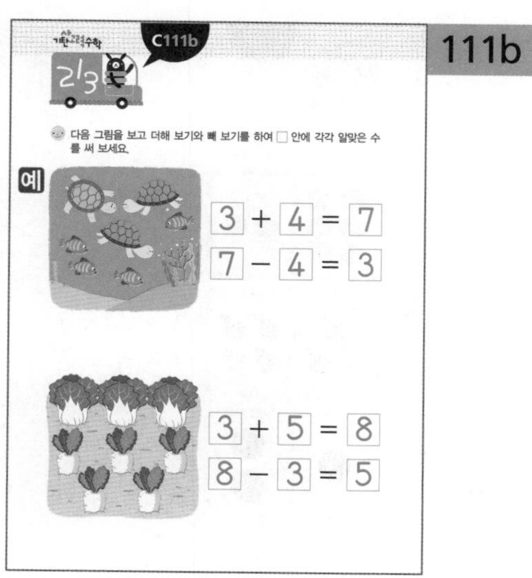

이해하기 더하기와 빼기의 관계를 알아보는 활동입니다.

해결하기 그림을 보고 더해 보기와 빼 보기를 하여 두 식 사이의 관계를 알아봅니다.

112a

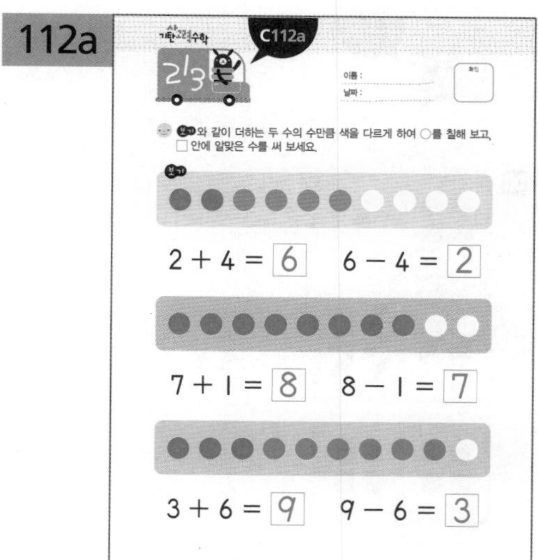

112b

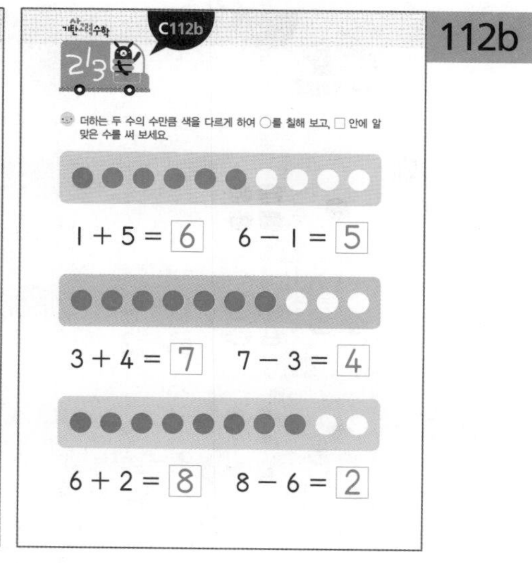

이해하기 더하기와 빼기의 관계를 알아보는 활동입니다.

해결하기 ●와 ●의 수를 세어 더해 보기와 빼 보기를 하여 두 식 사이의 관계를 알아봅니다.

113a

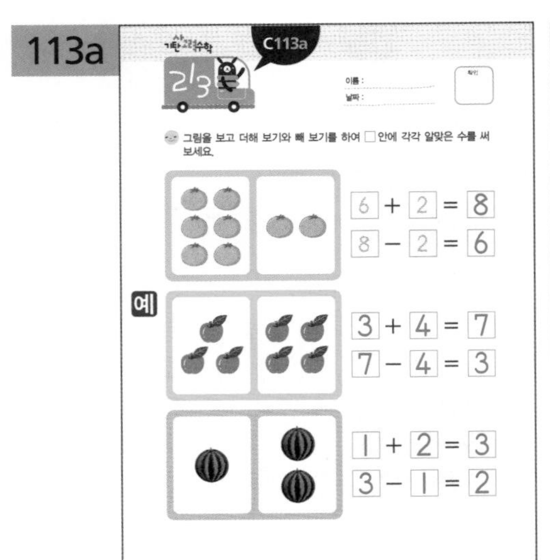

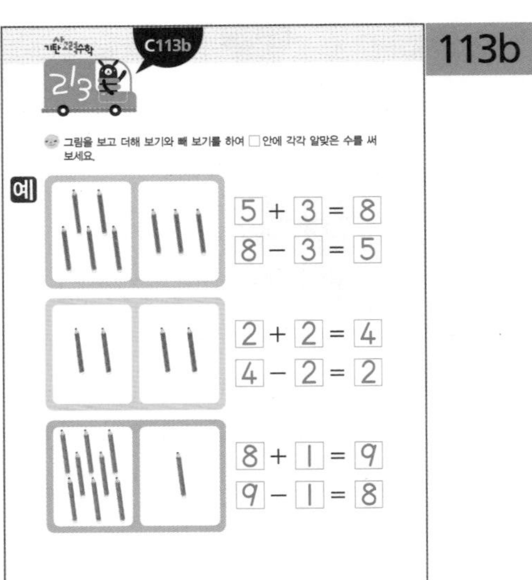

113b

이해하기 더하기와 빼기의 관계를 알아보는 활동입니다.

해결하기 그림을 보고 더해 보기와 빼 보기를 하여 두 식 사이의 관계를 알아봅니다.

114a

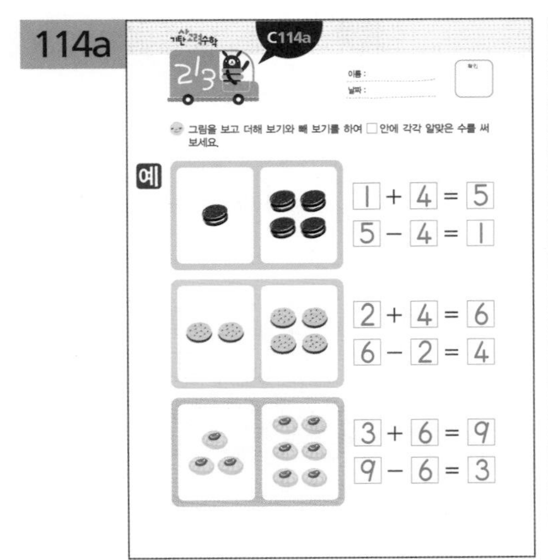

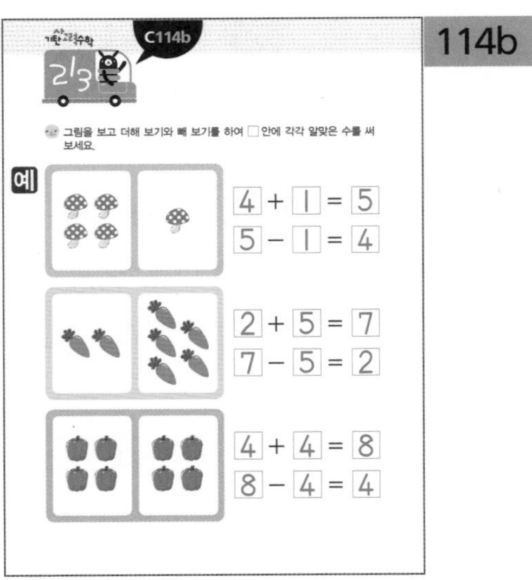

114b

이해하기 더하기와 빼기의 관계를 알아보는 활동입니다.

해결하기 그림을 보고 더해 보기와 빼 보기를 하여 두 식 사이의 관계를 알아봅니다.

115a

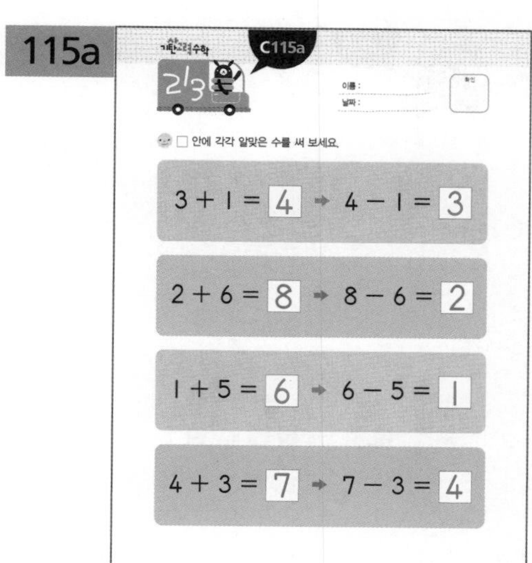

115b

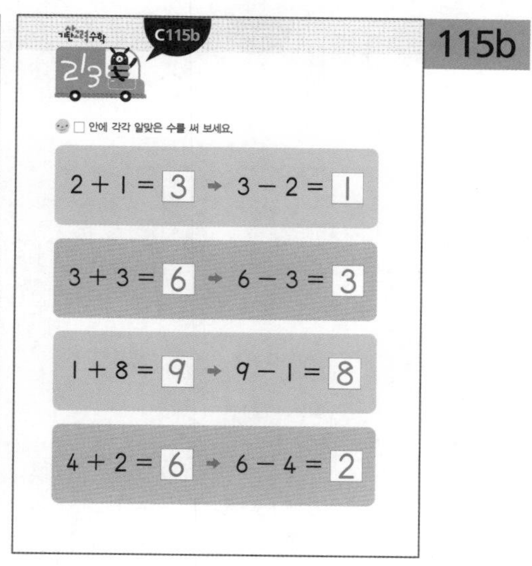

이해하기 ○+□=△의 식을 □=△−○ 또는 ○=△−□로 바꾸어 생각하면서 더하기와 빼기의 관계를 알아보는 활동입니다.

해결하기 더하기와 빼기의 관계를 이용하여 ○+□=△의 식을 □=△−○ 또는 ○=△−□로 바꾸어 □ 안에 알맞은 수를 써넣습니다.

116a

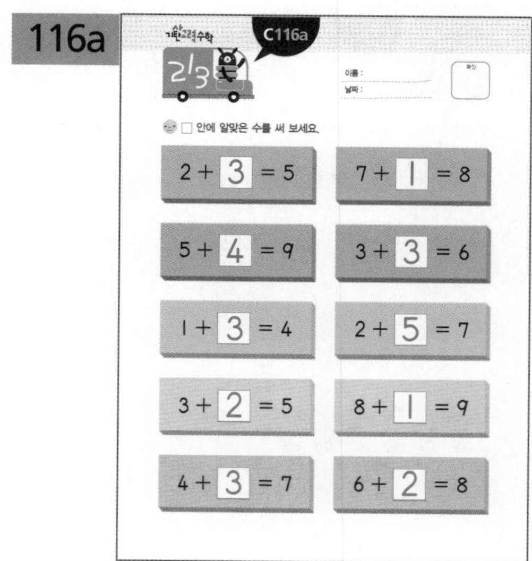

116b

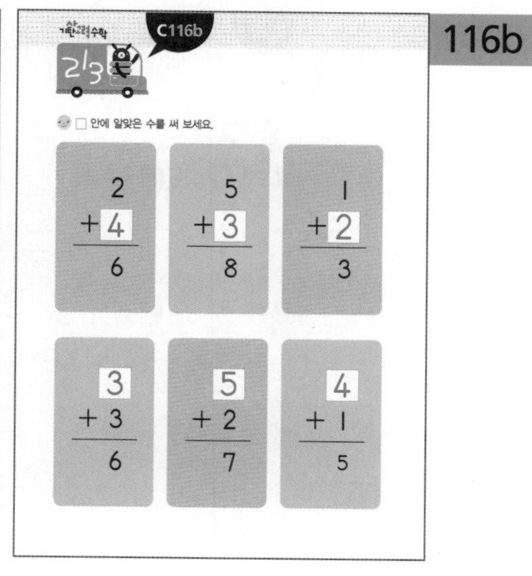

이해하기 더하기와 빼기의 관계를 이용하여 □ 안에 들어갈 수를 알아보는 활동입니다.

해결하기 더하기와 빼기의 관계를 이용하여 가로셈과 세로셈의 □ 안에 들어갈 수를 알아봅니다.

C2 해답

※해답은 따로 보관하고 있다가 채점할 때 사용해 주세요.

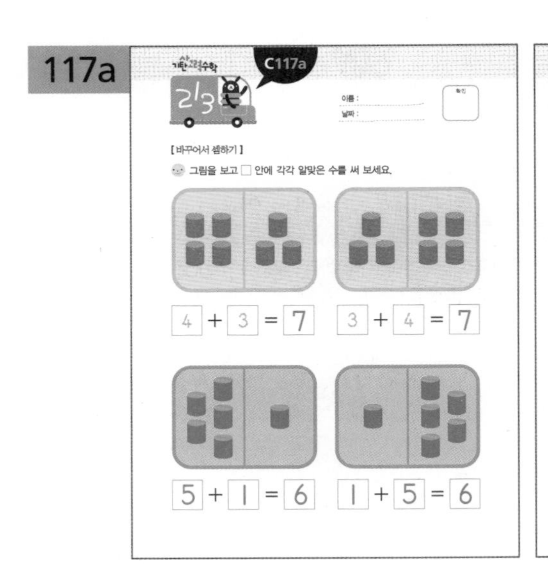

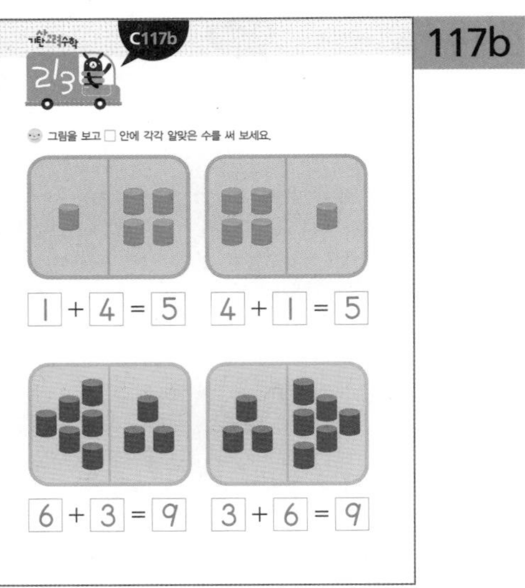

이해하기 더하는 두 수를 바꾸어 더해도 결과는 같음을 알아보는 활동입니다.

해결하기 그림의 수를 손가락으로 세어 가며 양쪽을 각각 더해 보고, 두 수를 바꾸어 계산한 결과를 비교하여 봅니다.

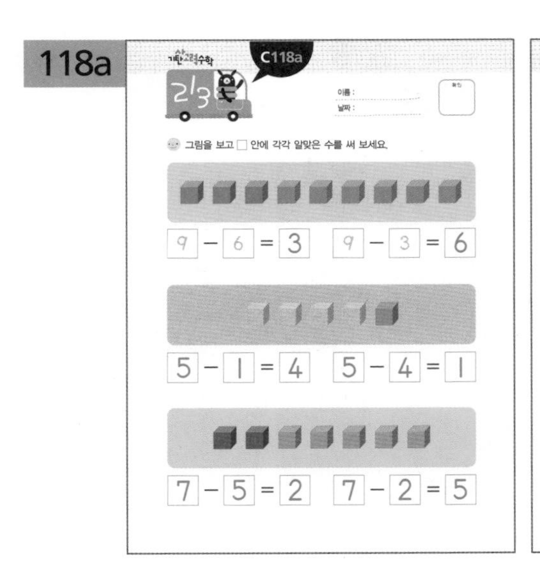

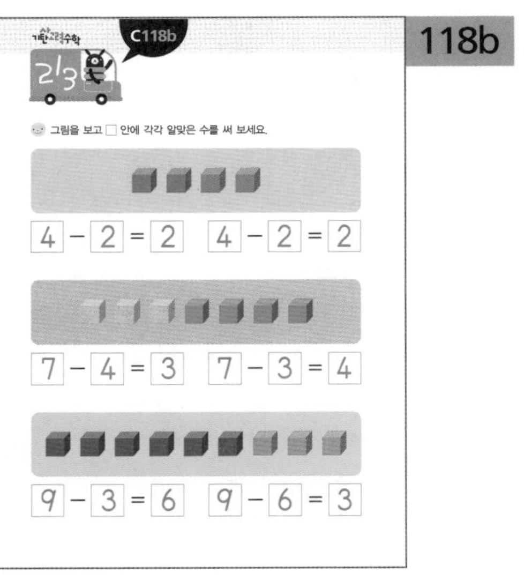

이해하기 전체의 수에서 빼는 두 수를 바꾸어 빼 보면서 수 사이의 관계를 이해하는 활동입니다.

해결하기 전체의 수에서 각 블록의 수를 구하는 두 식을 만들어 보고, 두 식을 비교하여 봅니다.

119a

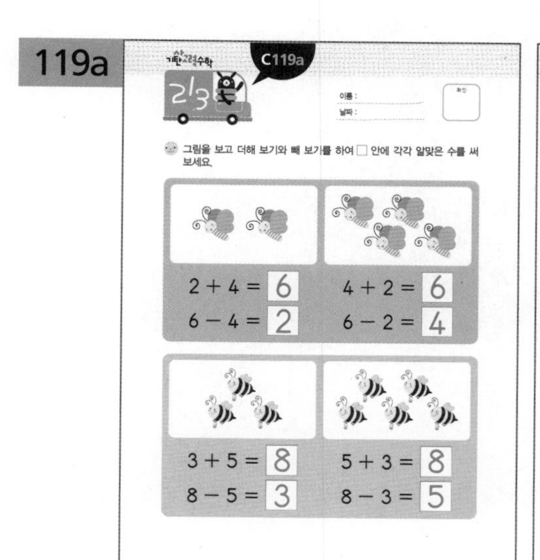

119b

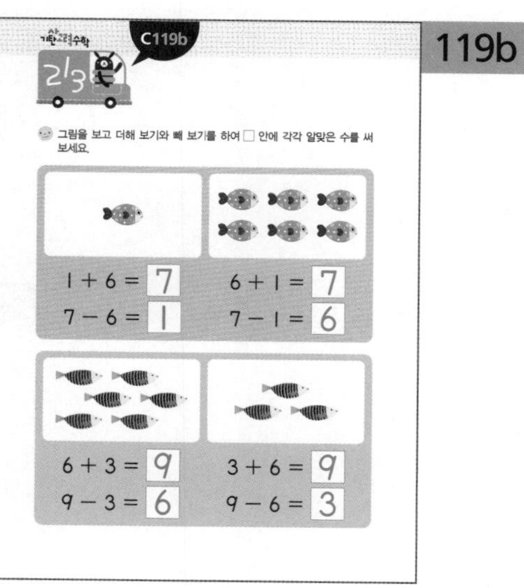

이해하기 더하기와 빼기의 관계를 알아보는 활동입니다.

해결하기 양쪽 그림의 수를 서로 바꾸어 가며 더해 보고, 전체에서 양쪽의 수를 각각 빼 보면서 더하기와 빼기의 관계를 알게 합니다.

120a

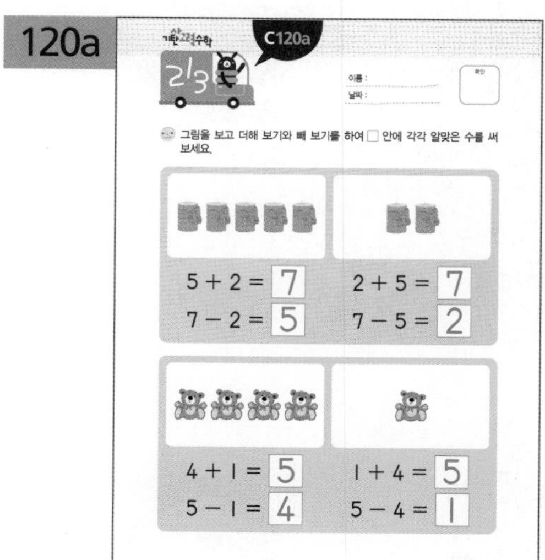

120b

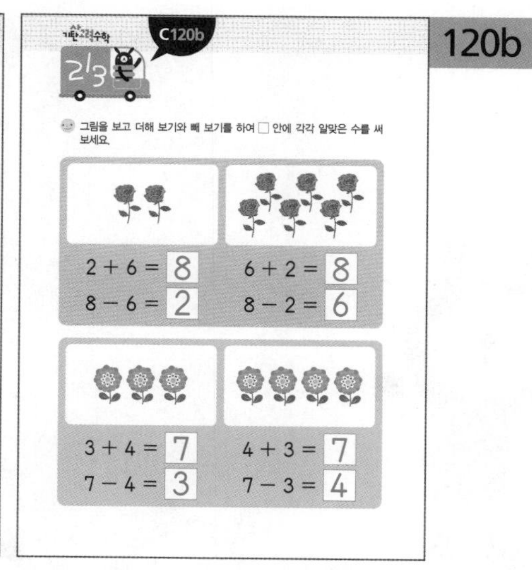

이해하기 더하기와 빼기의 관계를 알아보는 활동입니다.

해결하기 양쪽 그림의 수를 서로 바꾸어 가며 더해 보고, 전체에서 양쪽의 수를 각각 빼 보면서 더하기와 빼기의 관계를 알게 합니다.

MEMO